水と〈まち〉の物語

水都アムステルダム

受け継がれるブルーゴールドの精神

岩井桃子

法政大学出版局

刊行の言葉

陣内 秀信

「環境の時代」と言われ、持続可能な都市づくり、地域づくりの重要性が叫ばれる現在、それを実現するための理念と方法を探究することが問われています。

その課題に応えるべく、法政大学大学院エコ地域デザイン研究所が二〇〇四年に設立されました。経済を最優先する急速で大規模な開発とグローバリゼーションの進行で、環境のバランスと文化的アイデンティティを失った日本の都市や地域を根底から見直し、持続可能な方向で個性豊かに蘇らせることを目指しています。

特に注目するのは、かつて豊かな生活環境を生み、独自の文化を育む重要な役割を担ったにもかかわらず、手荒な開発で二十世紀の「負の遺産」におとしめられてきた「水辺空間」です。変化に富む自然をもち水に恵まれた日本には、川、用水路、掘割と運河、そして海辺など、歴史の中で創られた美しい水の風景が随所に見出せます。ところが戦後の高度成長以後、その価値がすっかり忘れられ、開発の犠牲になりました。私達はこうした水辺空間の復権・再生への思いを共有し、そのための理念と方法を探る研究に学際的に取り組んでいます。従来、別個に扱われることの多かった〈歴史〉と〈エコロジー〉を結びつける発想に立ち、日本の風土に似つかわしい地域コミュニティと水環境の親しい関係を再構築する道を探っています。

本シリーズは、この法政大学大学院エコ地域デザイン研究所によって生み出される一連の研究成果を刊行するために企画されました。世界各地の、そして東京をはじめ日本の様々な地域の魅力ある水の〈まち〉が続々と登場いたします。〈水〉をキーワードに、それぞれの場所のもつ価値と可能性を再発見し、地域の再生に導くためのビジョンを具体的に示していきたいと考えています。都市や地域の歴史、文化、生活に関心をもつ方々、二十一世紀の「環境の時代」にふさわしい都市・地域づくりに取り組む方々など、広く皆様にお読みいただけることを願っています。

目次

III　不整形街区から整形街区へ──その空間構成　145

はじめに――水とともに生活する都市

アムステルダムでは、五年に一度のお祭りが開催される。それは「セイル（SAIL）」といい、水上のお祭りである。アムステルダム市内の水辺にたくさんの船を出してお祝いをする一日だ。また、現在のオランダ女王の即位日である四月三〇日には毎年、オランダ国内全体が祝祭ムードに包まれ、もちろんアムステルダム市内の水辺においても市民たちがお祝いする。いずれも、水辺で過ごす楽しさを実感できるひと時である。

図0-1　オランダ女王の即位日である4月30日，アムステルダム市内の運河はお祝いムードで賑やかだった

こうした出来事からも見てわかるとおり、アムステルダム市民は水辺で楽しむ術を熟知している。近年見られる水辺の都市開発においても水辺に近いところに住むことを希望する市民たちは多い。そのため、都市計画・住宅計画においても水辺の存在は重要なファクターとなっている。

生き続ける水上交通

アムステルダムでは水上タクシーやボート、フェリーといった水上の公共交通機関がまだまだ盛んである。アムステルダム中央駅が面する大きな運河（北海へとつながっている）の対岸へ行くには、中央駅前から出ている無料のフェリーに乗って行くのが最も早い。近年、両岸を結ぶトンネルがつくられたが、中央駅からのアクセスはフェリーに比べたら良くない。確かに橋を架けるという案もあるが、水上の輸送が盛んであることと、船による公共交通機関の衰退の恐れもあることから、積極的に橋を架けたがらないのが事実のようだ。「橋を架けることによって起こる事態、たとえばウォーターフロントの眺めが変わることや自然環境を壊してしまうことを考えると、橋はまったく必要ない」と、アムステルダム市の都市計画に関わっていた都市プランナーから聞いたことがある。

いっぽう、市がウォーターフロント開発におけるマスタープランを作成した際、住民が利用できる島や浜を計画することを好むいっぽうで、市の港湾局はそのようなアイディアを嫌う傾向にあるのが現実だという。というのは、水は船が行き来する場所であり、そうした輸送の性格を持つものとレジャーの性格を持つものを隣り合わせることに、市の港湾局は抵抗を感じるのだ。利水と親水の同居の難しい面が、アムステルダムにおいても見られる。

水辺からアムステルダムを見る

アムステルダム市内の運河には古くから、物資を載せた船がたくさん行き交う光景を見ることができ、そうした舟運の機能を考慮した水辺空間がつくられた。荷揚げを行うシーンはもはや見られなくなったものの、大幅な空間的変化をせずに現在に至っている。こうした歴史的価値のある水の都を知るに欠か

右上　図0-2　アムステルダム市の湾岸部を往来する無料フェリー
右下　図0-3　水辺のレストランは人気スポットのひとつ
下　図0-4　無料ではないが，遠方へも水上バスで行くことができる

せないのは、実際に船に乗って水から都市を見ることだ。アムステルダムの都市について調べるためフィールドワークを行った際、クラシックな船をチャーターし、穏やかな天候のもとでアムステルダム市内のボートツアーを行った。天気は快晴、ボートツアーがスタートし、船内ではビールやワインで乾杯。水上で宴を楽しみつつ水から町を見る、というぜいたくなひと時を持つことができた。アムステルダムの東部港湾地区の岸辺から乗船し出発。再開発地区を水から眺めながら、古い街区へと入っていく、というルートでツアーを行った。

　東部港湾地区は、日本でも時おり雑誌で紹介される地区である。もともと港湾関係施設が集積する地区だったが、そうした施設の移動によって跡地の再開発が行われ、住空間へと変わった。低層のタウンハウスが建ち並び、

右　図0-5　東部港湾地区にたつタウンハウス形式の住宅は人気物件である

下　図0-6　水辺の住宅からは広大な川原を一望できる

ある一角では運河に沿うように住宅が建ち並び、非常にユニークな景観をつくり出した。子供のいる若いカップルも多く住んでいるようで、一階部分のガレージでパーティーをしている家族がとても印象的だった。

　真新しい住宅が建ち並ぶいっぽうで、その目の前の岸壁にはハウスボートが所狭しと係留されており、新しい町がつくられる以前から住んでいると思われる。こうした新しいものと既存のものが混ざり合う眺めもまた面白かった。

　ボートツアーの途中、この再開発地区の一角に住む都市プランナーの住宅にお邪魔した。彼の名はトン・スカープ。この地区の再開発プロジェクトに携わった方である。彼の身長は二メートル近くあり、見上げるほどに高いオランダ人だった。うらやましいことに、彼の住まいからはアイ湾を眺めることができた。彼はこの目の前の水辺で時々泳ぐという。泳げるほどに水質は良いということが分かる。また、周辺街区が低層であるため、最上階のテラスからは広くて青い空を仰ぎ見ることができた。アムステルダムの中心に近い場所で水や青い空に囲まれて生活できるとは本当にうらやましい。

再度ボートに戻り、トン・スカープさんもツアーに合流することとなり、彼からはここ最近のアムステルダムのウォーターフロント開発についての説明を聞きながら、旧市街のレンガの町並みの合間を流れる運河へと船は進んだ。

茶色のファサードを持つ建築物、新緑の木々、青い空、それぞれが調和してとても気持ちの良い空間を残している。また、場所によっては岸壁に船を係留させて住まいとしたボートハウスも見られ、アム

図0-7　真ん中に立つのが長身のオランダ人，トン・スカープ氏

図0-8　クラシックなボートで水上ツアーを楽しむ

図0-9　水際にたつ現代のカナルハウス

図0－10　ボートツアーを楽しむ若者たち

図0－11　同

図0－12　ボートツアーを楽しむ老夫婦

ステルダムの町を個性豊かに彩っている。かつての東京でも船で生活する人々がいたのだが、それも戦後の東京オリンピックを境にすっかり見られなくなってしまった。それは、水上生活者自らが船に住むことを止めたのではなく、法律によって水上生活を禁止されたことによる。いっぽう、アムステルダムにおいては、現在になっても市によって発表された水に関する計画上でボートハウスの係留空間を指示している。つまり、自治体も水上生活を認めているということになる。

　また、ツアーの日はちょうど休日だったこともあり、自分たちの船に乗ってボートツアーを楽しむ人たちを非常に多く見ることができたのは驚きであった。おじいちゃんとおばあちゃんが二人で仲良く乗る船や若者のグループの乗る船など、ごく普通にボートツアーを楽しんでいた。多くの市民が運河を船で行き来する光景など、東京ではあまり見られない。こうした楽しみを忘れない限り、アムステルダムの運河は活き続けるだろう。

ユニークな水管理方法の一例

それでは、アムステルダムの「水」そのものはどうなっているのだろうか？　幸いにもアムステルダム市の水管理部門に勤めるE・P・バイスさんにインタビューすることができた。バイスさんはアムステルダム市内の緑地計画や、維持・管理・開発といった水に関する事業に携わっている。

アムステルダム周辺地域は海水の浸食によって絶えず地形を変えてきた。人が住み始めると堤防やダムを築いて住む土地を守り、その後は埋立てを進めながら都市を拡大させて今に至る。洪水のような災害はいつも起こるわけではないが、どこで何が起こるのかをきちんとシミュレーションして空間の開発計画を進めることが重要であるとバイスさんはいう。

事実、一九五三年にオランダ南西部のゼーランド州では大洪水が起きて多くの人たちが命を失った。こうした悲劇を繰り返さないよう、国と自治体が一体となって洪水対策が取られている。その一つが、calamity storage（災害を溜める場所）をつくることである。もちろん、日本でも遊水池のようなものがつくられているが、オランダではスケールが違うし、そして発想もユニークだ。堤防を決壊させてしまって、いつもは緑地であるところに水を溜めて一時的な湖をつくることにより、アムステルダムやロッテルダムのような低地にある都市を洪水から守るのである。バイスさんによれば、水を溜める地域に住む

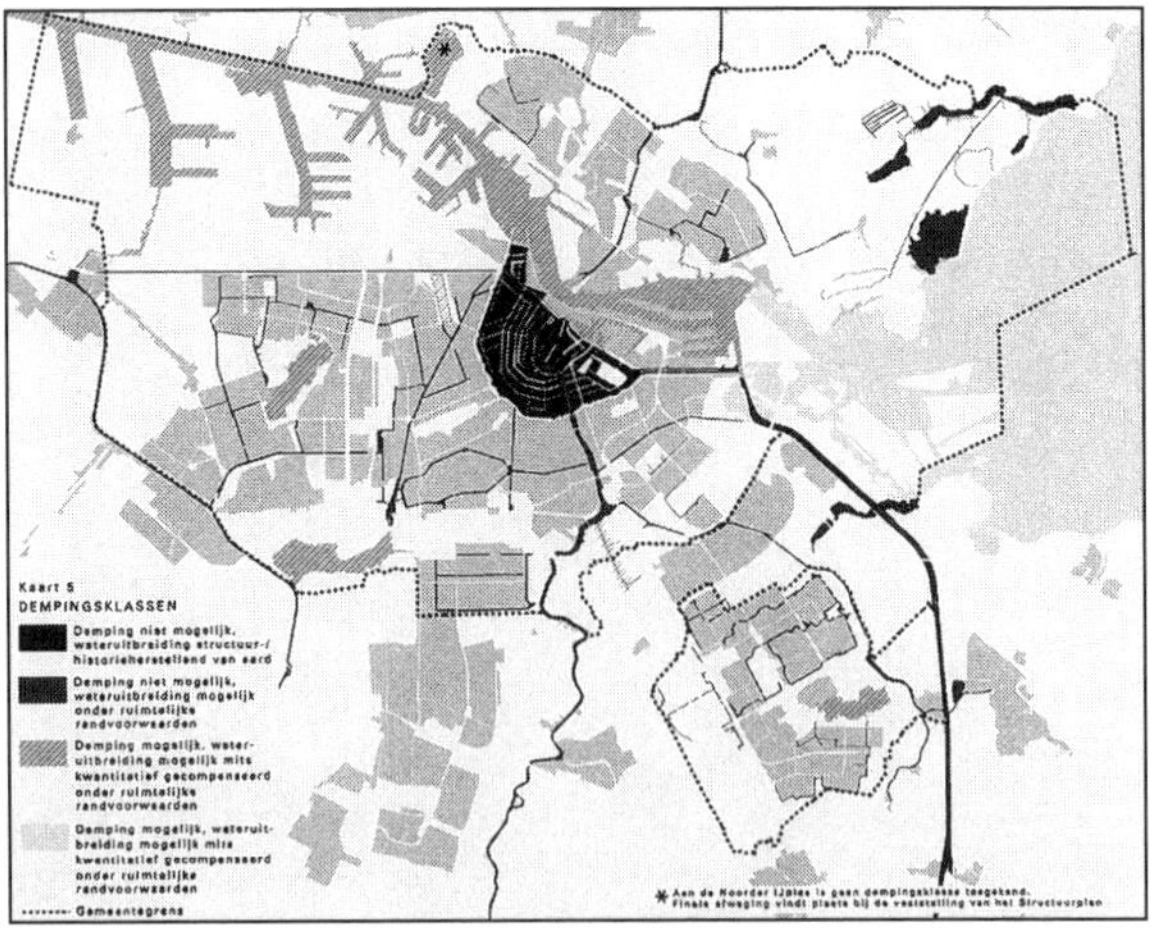

図０–13　市が発行する水に関する計画書に掲載されている水マップ．運河や湖などが埋立て可能か不可能かについて，歴史的・空間的な条件によって４段階に色分けしている

人は百人前後であるから、非常の場合は彼らを避難させて水を引き入れるのだという。コンクリートの堤防を水際に建設するよりもはるかに経済的だとも述べていた。水のないときは緑地として保護されるために環境的な面からも都合が良い。

しかし、近年の地球の温暖化による海面上昇をオランダは深刻に受け止めているという。以前にも増して洪水対策を考える必要があるからである。バイスさんは五〇年後に海水面がどのくらい上昇しているのかを想定しながら計画を練らなければならないと語っていた。海面が三〇センチ上昇したときの状況を頭に入れながら計画を考えているのだという。

東京の場合と同じく、アムステルダムでも一九六〇年代に最も水質が悪く、その後は泳ぐことができる程度まで回復した。ボートツアー時にお会いしたトン・スカープさんのように、ボルネオ・スポーレングブルグ地区の住民には目の前の水で泳ぐ人たちがいることからも、水質が良くなっていることが分かる。

上　図0-14　アイ川とアイセル湖との境に設けられているオランニェ水門
左　図0-15　アムステルダム市内の水位を示すシリンダーが市庁舎に設置されているため，市民はリアルタイムで水位を確認し，自分たちの住む町のそばの水位に対して意識を持つことができる

アムステルダムでは、市内の運河の水質を良く保つため、定期的に新しい水を流入させられるようになっている。市内を流れる運河の水は、流れがなければ汚れたままで同じ場所に留まってしまうからだ。それを防ぐため、アムステルダム中央駅からみて北東方面にあるアイセル湖に近い水門を開けてアイセル湖方面から新鮮な水を市内へ取り込み、汚れた水を北海運河方面へ流し出すそうだ。また、市内を三地区に分けて各地区それぞれが独自のウォーターシステムによって水を管理しているそうだ。

アイブルグ地区（IJburg）
——市民の意見によって決まった都市計画

アイブルグ地区はアムステルダム市の東部に位置する、水上に新しくつくられた市街地区である。一九六五年、すでにオランダ人建築家ファン・デン・ブルックとバケマ（Van den Broek and Bakema）による「パンプス都市（City on Pampus）」という計画が出されていたのだが、その後八〇年代になってアムステルダム東部（「ニュー・イースト〈New East〉」と呼ばれた）に対する計画が改めて描かれた。その計画はその後、国による新しい住宅政策に従って導かれた。パンプス都市は、アムステルダム市の中心部からアイセル湖のほうへ埋立地からなる都市が伸びていく、という考えだった。一九六〇年代に建築家の故丹下健三氏が発表した「東京計画１９６０」に代表されるような海上都市の考えだった。

一九九六年、アムステルダム市議会においてアイブルグ（IJburg）という名前の居住地区の建設が承認された。その間、地区計画に対する支持者と不支持者とのあいだで議論が続いたが、一九九七年に市民投票が行われて「承認」となり、不支持者による反対意見は却下されたため、アイブルグ地区の建設が開始された。そして、埋立地が少しずつ造成されていった。

アムステルダム市に勤める土木技術に詳しい方の話によれば、現在予定されているアイブルグ地区よりもさらに湖のほうへ土地造成を行いたい、という意向も市のほうであるという。しかし、環境的な問題を指摘する声もあるため、その意向が実現されるかどうかはまだ分からないそうだ。

パルムボームとファン・デン・バウトという二人の都市計画家によって、一般的な都市デザインスキームに従いながら、一九九六年に町のデザインがなされた。「コラージュ・シティ（Collage city）」というコンセプトによってエリアが形成され、そのコンセプトは、隣り合う八つの街区に対してできる限り独自の特徴を与えるというものである。さらに、水上住居のための空間が確保されている地区があることが興味深い。ハウスボートではなく、水に浮かぶ住宅の計画が考えられ、実際に建てられ、そこで住

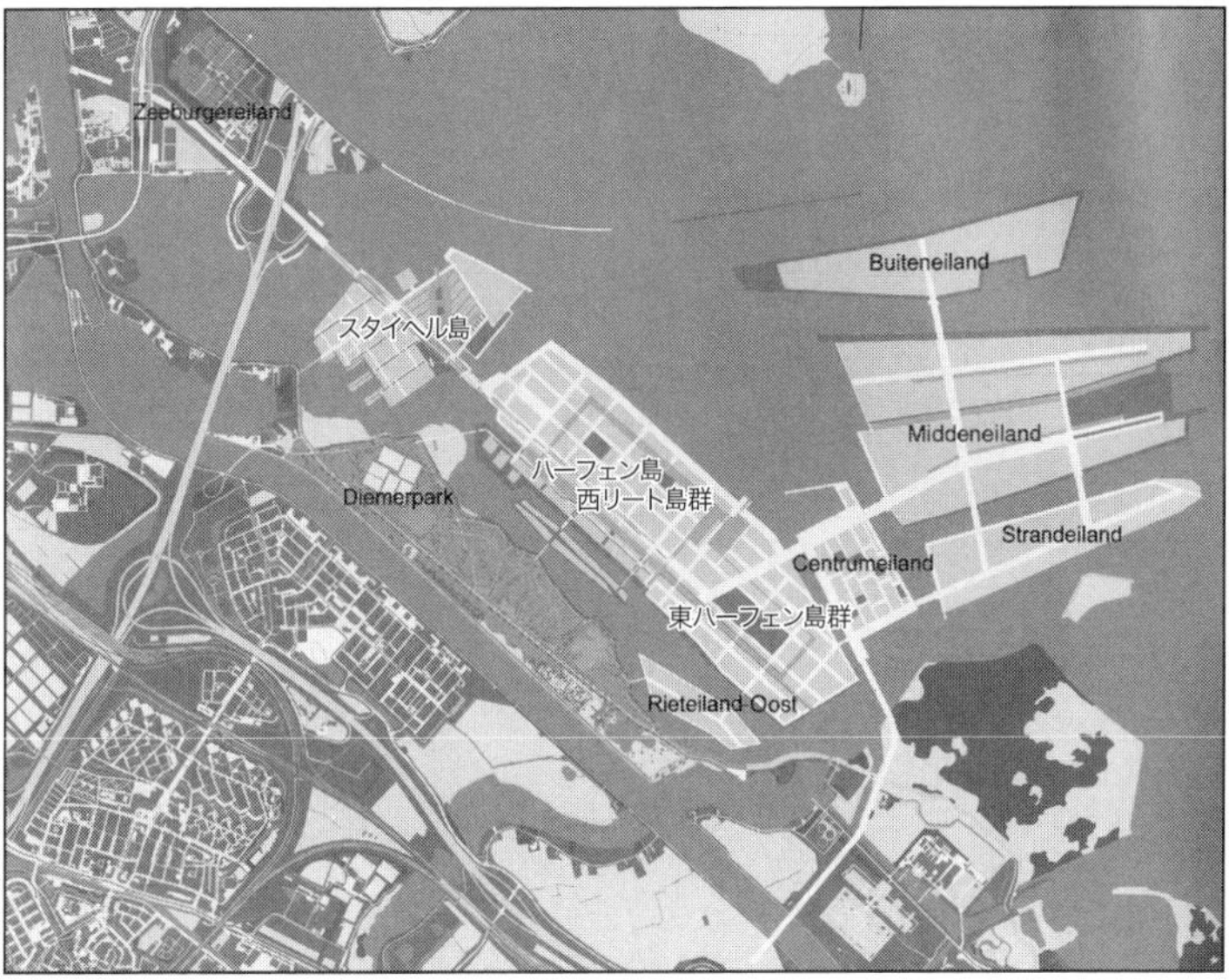

図0－16　アイブルグ地区周辺図

まう人たちが見られる。

アイブルグ地区では、まず西ハーフェン島(Haveneiland West)と西リート島群(Rieteilanden West)が建設された。これら二つの島に対する都市デザインのスキームは、フリッツ・ファン・ドンゲン率いるアーキテクテン・シー、フェリックス・クラウス率いるクラウス・エン・カーン、そしてトン・スカープ率いるDROの三つの事務所によって描かれた。(すでに完成した)アムステルダム東部港湾地区のプロジェクトにおいて三つの事務所の指名コンペがあったのに対し、アイブルグにおいては三つの事務所が共同で作業をすすめた。

そのデザインスキームは、「角のあるブロック(angular block)」と「直線状の通り(rectilinear streets)」からなるグリッドを基本としている。つまり、グリッド状の街区構成からなる。緑地帯、特に水路が、この方形のグリッドを強調している。このスキームを基盤にしながら、多くの建築家たちがそれぞれのアーバンブロックのデザインにたずさわっている。さらに、アーバンブロックごとに建築家たちの中から「ブロック・ヘッド（block head）」と呼ばれるリーダー役が選ばれ、他の建築家たちをまとめている。

アイブルグ地区では七社のディベロッパーが関わっており、一社が二〇〇〇戸、一社が三〇〇〇戸……というように、ディベロッパー各社が共存する形で計画が進められ、「スーパー・ニュー・シティ（Super new city）」ともいうべき全く新しい町が現在進行形でつくられている。

八つの島の間には橋が架けられ、ストリートファニチャーとなるアート作品が設置された。また、バスが開通し、バスに加えて二〇〇五年六月にはIJtram（アイトラム）というトラムも開通し、アムステルダム中央駅から一五分程度で行くことができるようになっている。計画では、一万八〇〇〇戸、四万五〇〇〇人の居住が可能であり、現時点ではすでに三つの島（ハーフェン島、スタイヘル島、リート島群）が完成し、一万人以上が暮らしている。

アイブルグ地区で最大の島であるハーフェン島には、インキュベーションセンターが設置されている。この施設には、一定期間アーティストが住み込み、住民参加のワークショップなどを開催し、住民同士のコミュニティづくりの手助けをすることを目的としている。二〇〇一年にこのインキュベーションセンターをつくろうという提案が出されて承認された。建物には六人のアーティストが六ヶ月ごとに交代で住み込み、ワークショップが行われる。アイブルグ地区はまったく新しい町であり、隣近所はほとん

上　図0－17　アイブルグ地区に住む人

左　図0－18　アイブルグ地区にある
インキュベーションセンター

ど見ず知らずの人たちである。このインキュベーションセンターがきっかけとなり、新しいコミュニティがつくられていくことを期待したい。

「パンケーキ」を重ねてつくられたアイブルグ地区

この地区はアムステルダム市の一部でありながら、じつは水門の外、つまり水のコントロールが行き届きにくい場所にある。しかし、地区内には住宅がたくさんあり、水による被害があってはならない。そのため、「オプホーヘン（Opho-gen）」と呼ばれる土地の造成の仕方に工夫をほどこす必要があった。それでは、「オプホーヘン」と呼ばれる土地の造成手法を、二五頁に示す図0－21を追いながら説明しよう。

埋立て予定地の水底に「ジオテキスタイル（geotextile）」と呼ばれるシート状のものを敷いた後、北海から運ばれた薄い砂のレイヤーを積み重ねていく。砂のレイヤーを重ねていく際は水の圧力を使うことによって砂を固定させる。また、アイブルグ地区を実際につくる前に、三ヘクタールの実験島

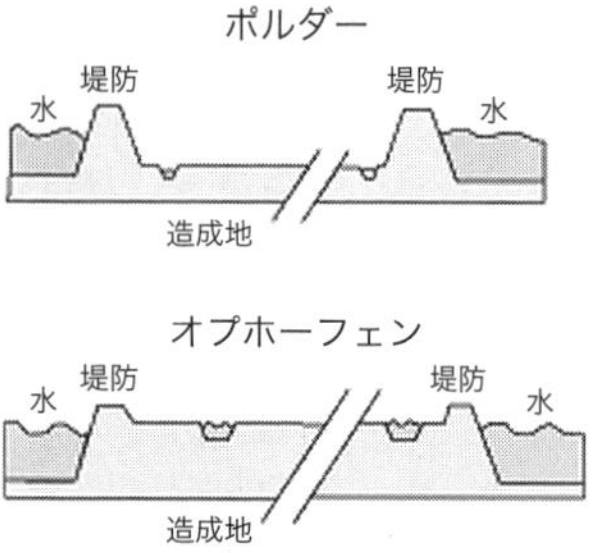

図０-19　積み上げられたジオテキスタイル

図０-20　オランダにおける従来の埋立地「ポルダー」とアイブルグ地区で採用された埋立地「オプホーヘン」

をつくることによって、このパンケーキ手法による埋立地が造成可能かどうかのテストを行った。

余談だが、オランダ人はパンケーキが好きである。そうした背景もあってか、埋立地造成の仕方について説明してくださった方は、この薄い砂のレイヤーのことを「砂のパンケーキ」と表現していた。そこでこの造成手法のことを「パンケーキ手法」と呼ぶ人もいる。「パンケーキ手法」というニックネームを与えられた埋め立て事業はコンピュータ制御によって行われており、アイブルグ地区がすべて完成するまでには二五〇〇万立方メートルの砂を必要とする。そのために、アムステルダム市は砂を必要とする近隣のプロジェクトすべてを調べ上げて年間ごとに列挙している。東京の埋立地にはゴミが使われるが、アムステルダムの埋立地造成において、ごみが使われることはない。

数回にわたり砂のパンケーキを重ねることによって砂地が水上に現れると、各パンケーキとベースの地層（泥炭層）をつなぎ合わせるために地中に杭を打つ。そしてまた砂のパンケーキが重ねられていき、五枚目のパンケーキが重ねられた際に堤防がつくられる。そしてその堤防を守るためのプロテクションがかぶせられる。

五層の砂が積み上げられると、その重みによってベースの地層が沈み、それによって砂の層全体も一層分沈むこととなる。ここまで来ると、埋立地としてしっかりとしたものとなるので、余分な砂の層（上部）を削ってしまう。削る割合はだいたい一層分である。その後、水際の堤防を強固なものにする

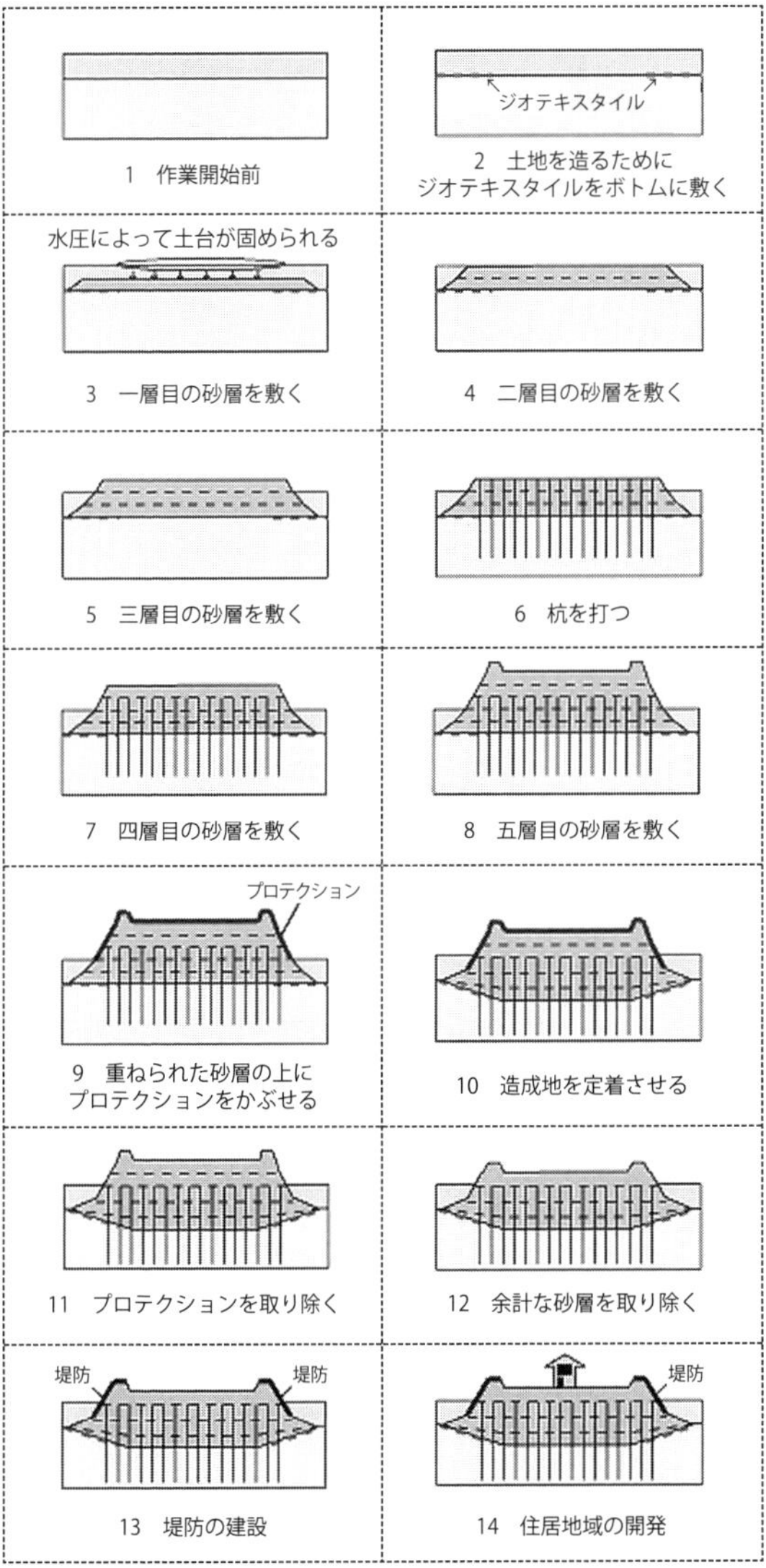

1　作業開始前
ジオテキスタイル
2　土地を造るために
ジオテキスタイルをボトムに敷く
水圧によって土台が固められる
3　一層目の砂層を敷く
4　二層目の砂層を敷く
5　三層目の砂層を敷く
6　杭を打つ
7　四層目の砂層を敷く
8　五層目の砂層を敷く
プロテクション
9　重ねられた砂層の上に
プロテクションをかぶせる
10　造成地を定着させる
11　プロテクションを取り除く
12　余計な砂層を取り除く
堤防
堤防
13　堤防の建設
堤防
14　住居地域の開発

図０–21　オプホーヘンの作業工程

ための工事が行われて、建築物の建設作業が始められるのである。

アイブルグ地区は、オランダの伝統的な土地であるポルダーとは違う造成の仕方によりつくられた。ポルダーは先ず水際に堤防（ダイク）を築いて水の浸入を防ぎ、そして水路をつくって湿地を乾かして土地をつくる。いっぽう、この「パンケーキ手法」によるオプホーヘンは、上述したとおり、まず砂のレイヤーを重ねていった後に堤防をつくる。

また、オプホーヘンがポルダーと異なる点を挙げるとすれば、ポルダーの土地のレベルよりも高いレベルでオプホーヘンの土地が造成されることであろう。つまり、ポルダーの地域が「低地」であるのに対し、オプホーヘンは「高地」であるといえる。

こうして見ると、長い歴史を持つオランダの干拓技術も、ここに来て転換期を迎えているようだ。

堤防とともにつくられる水際のデザイン

アイブルグ地区は八つの島からなっており、各島の水際に設けられた堤防によって高潮や高波から各島は守られている。そうした堤防は、大げさな話かもしれないが、四〇〇〇年に一度やってくるような大嵐にも耐えうるようにつくられているそうだ。事実、堤防の近くには住居、レクリエーション空間、エコロジカル空間、といった機能が存在するように計画されている。そのため、堤防自体が場所によって個性を与えられている。たとえば、ハーフェン島北部につくられた堤防沿いはプロムナードになっており、そこには石組みによる堤防が見られる。また、ハイデン島には緑地帯の堤防が見られる。

左　図0-22　建設途中の堤防

下　図0-23　ハルデ・ウーファーとザハテ・ウーファーの分布図
　地区の南側（地図上で下側）にザハテ・ウーファーが、北側（地図上で上側）にハルデ・ウーファーが多く設置されている

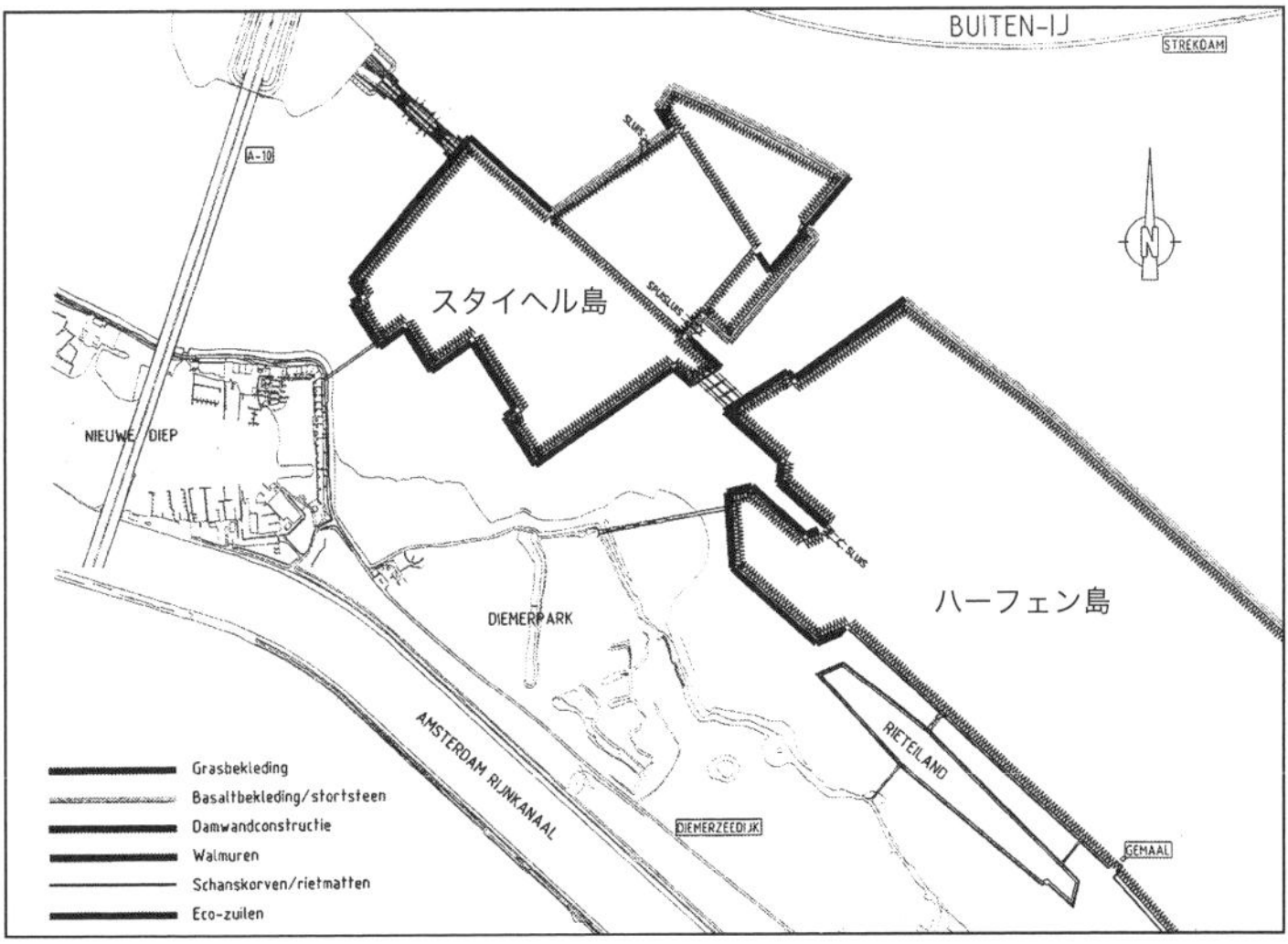

総延長二八キロメートルのアイブルグ地区を囲む堤防ないし岸壁は、生態系を考慮に入れながらデザインされている。つまり、堤防を介してつながる水とエコロジーの関係である。

　アイブルグ地区の堤防は大きく分けて二つあり、「ハルデ・ウーファー（Harde oever）」と呼ばれるものと、「ザハテ・ウーファー（Zachte oever）」と呼ばれるものである。

　ハルデ・ウーファー

と呼ばれる堤防は、アイブルグ地区全体で見ると北に面する部分に多くつくられている。地区の北側にはアイ湖が広がっているため、アイ湖からの強い波による影響にも耐えうるよう、ハルデ・ウーファーが設けられている。たとえば、ステイヘル島やハーフェン島の北側はハルデ・ウーファーである岸壁が設けられている。玄武岩による石組みの堤防で、将来はムール貝のような生物が棲むことが期待されている。事実、アイ湖に棲むムール貝の数が一九九二年以来減少しており、アイ湖の生態系を考えたときにムール貝の減少は止められなければならない。そうした意味でも、アイブルグ地区沿いのこうした堤防がムール貝にとっての新たな生息地となる可能性を創出することが重要であろう。

図0-24　ザハテ・ウーファーとしてつくられた石積みの堤防

図0-25　レンガ造の堤防

図0-26　堤防に沿って遊歩道がつくられている

つぎに、ザハテ・ウーファーは、葦、リスドッデ（lisdodde）、黄アイリス（gele lis）のような植物によって形づくられた堤防のことをいう。「ベジテーション・マット（vegetatie mat）」というシート状のものが堤防を覆い、そこから前述の植物が育つことによって堤防がつくられる。結果、クロガモやクライネ・カレキート（kleine karekiet）といった鳥たちが集まって卵を産む場所となっている。また、葦によって水が浄化され、相乗効果によって水草も育つ。水草が育つとカワカマスなどの魚も棲み始めるようになるだろう。

こうした自然堤防は、アイブルグ地区全体で見ると南に面した水際に多くつくられている。たとえば、ハーフェン島、リート島の南側の岸壁、それらに加えてディーメルゼイダイクの水辺に見られる。葦のほかには、ファウンテンハーブ（fonteinkruiden）、リース・シーウィード（kranswier）、ステレンクロース（sterrenkroos）といった植物も育っている。

自然豊かな堤防が形成されることにより、ブラウボルスト（blauwborst）やリートザンゲル（rietzanger）のような葦を好む鳥も飛来するようになると期待されている。また、将来、ブルードプレック（broed-plek）という鳥も見られるようになるだろう。

Water is our culture ——水の文化、オランダ

アムステルダム市で長年にわたり活躍している都市プランナーが、Water is our culture と表現していたことが、非常に印象的だ。オランダにおいて水は常にそばにある。そして、いつまでもそばにあり続けるであろう水と折り合いをつけながら、今後もまちづくりを行っていく決意を表明していると感じら

れる。文化や気候、風土など、違いがあるとはいえ、彼らのまちづくりに対するエッセンスを知り、そして学ぶべきことはおおいにあるのではないかと思う。

マスタープランを作成する際は常に水やその周辺環境に対する配慮を忘れることはできない。たとえば、住宅地区の計画を行う際にもエコロジカルな面に対する配慮がなされている。「最近のアムステルダム市内における開発は、『水』というものを一種の『装置』として考えている」と、オランダに住むイタリア人建築家は述べていた。オランダは国土の四分の一が水面下にある国だが、水を危険なものとして見るのではなく、水を非常に機能的なものとして活用しようと試みる。結果、水に対して非常に構造的なアプローチを試みる。

市は、現在のアムステルダム市内に公園などのレクリエーション機能を持つ水辺空間を増やそうとしている。一例として、市の中心部にあった金融機関のオフィスを郊外へ移し、その跡地を公園に変える計画がある。

市内の運河でたくさん見られたボートについては、年に二〇〇ユーロを市に払えば自分たちのボートを係留させることができるそうだ。もともとは、「二〇年間継続して船を係留するためのお金を払うと、その場所の権利を得ることができる」という仕組みをもつ係留権から始まり、権利を獲得した後に船を住まいとしてしまったのがボートハウスである。市としては、水辺の景観を良くしたいという考えからボートハウスを退けたいそうだが、いっぽうで、アイブルグ地区には水上住居のための空間が設けられ、水辺に住むことを変わらずに好むオランダ人がまだまだいるのだと思わずにいられない。水辺に建つ住宅（ボートハウスのような水上住居も）は水辺から遠い住宅よりも価値が高い。オランダでつくられる居住地域は非常に高密度な場合が多く、水辺に沿った住宅は水に対して開けた眺めを持つことができるから、ということも、水辺空間が高価値を持つ理由の一つとして挙げられるだろう。

オランダにおいて、水は Big Avenue と表現できるほど、昔から重要なインフラであったが、近代に入り車社会が良しとうたわれ、一部の運河が埋め立てられてしまった。しかし、暗渠化された運河のいくつかを水の道としてよみがえらせよう、という考えが、アムステルダム市発行の水関係の計画書の中にも見て取ることができる。

図0-27　水辺のシアター

図0-28　水上の集合住宅

図0-29　ボートハウス

図0-30　アムステル・ライン運河
アムステルダムとオランダ中部をつなぐ輸送路として今でも重要な役割を果たしている

図0-31　水に勢いよく飛びこむ子供たち
オランダ北部のまち，ホールンにて

　というわけで、オランダにおいて水辺空間の価値は非常に高い。ＥＵ統合の後、各国がそれぞれのアイデンティティを打ち出す必要があり、オランダは常にそばにあった「水」をキーワードとして選んだ。国そして市のレベルで「水」を構造的に都市計画のなかに取り込もうとする動きが見られる。アムステルダム市が発行する「水」に関する計画書のタイトルには、「ブルーゴールド」という言葉が使われている。「水」が自分たちにとって価値あるものと見なしているのだ。

　現代へと受け継がれる水辺へのアイデンティティは、どのようにしてはぐくまれてきたのか。本書では、アムステルダムにおける都市形成の歴史をひもとき、その時代につくられた住宅の空間的特性を検証することにより、アムステルダムと水辺との深い関係性を考察していくことにする。

I

アムステルダムの誕生と変遷

1 初期のアムステルダム

アムステルダムの原風景

アムステルダムそしてオランダのほとんどの土地が、次の三つの主成分によって形づくられている。それらは粘土・砂・泥炭（ピート）である。

粘土層は海水による周期的な浸食の後の残留物である。砂層は、オランダにとって最大の水源であるライン河、マース河やその他の小河川によって形成された三角州からのものである。泥炭層は、沿岸地方の砂丘の背後につくり出された沼地やじめじめした荒地からの残留物である。

二五万年以上も前のオランダは、北海のなかにあるまったくの湾だった。最後の氷河期にスカンジナビアの方から氷河が到来し、その氷河が留まって、約一八万年のあいだに溶け続けた。そのため海水面が五〇メートル上昇し、そこには粘土と貝殻を含んだ砂の層が形成された。その後、海からの働きかけにより海岸線に沿って砂層が押し上げられ、砂丘壁が形成された。この砂丘壁によって海水の浸入を防ぐことができたので、砂丘壁内の潟（ラグーナ）は植物が育つのに有効な土地へとつくり出された。以上のプロセスの反復と、プロセスのさまざまな組み合わせが、今日のアムステルダムのレイヤーケーキ状（いくつかの地層が重なっている状態）の地層を形づくってきた原因である。

アムステルダムの人々が地表から第一層目と第二層目のことについて話すとき、彼らは地表面から一三〜二〇メートル下にある二つの砂層（図1−1の砂a／砂b）のことをいっており、アムステルダムの下に広がる砂層の一層目は二・五メートルの厚みを持っている。

もう一つ、「農夫の層（boerenlang）」と呼ばれる層が地表面から七メートル下にある。「農夫の層」という名前がつけられた理由は、この層が農地の地表面と最も性質が似ているという事実から来ている。アムステルダムでは「農夫の層」に建つ建築が今も存在しており、そのほとんどが後の章で述べる一七世紀に開発されたヨルダン地区という、当時は低所得者層が多く住んだ地区に見られる。

オランダの地盤が緩いという性格上、建築物の重量的な面から考えると、軽めの木造住宅が最も適当ではあったが、後に多発する市内の大火事によって古い基礎部分以外のものが焼失してしまい、その後はレンガ造の建築物のほうが好んで建てられるようになった。また、都市部の人口増加による階高の上

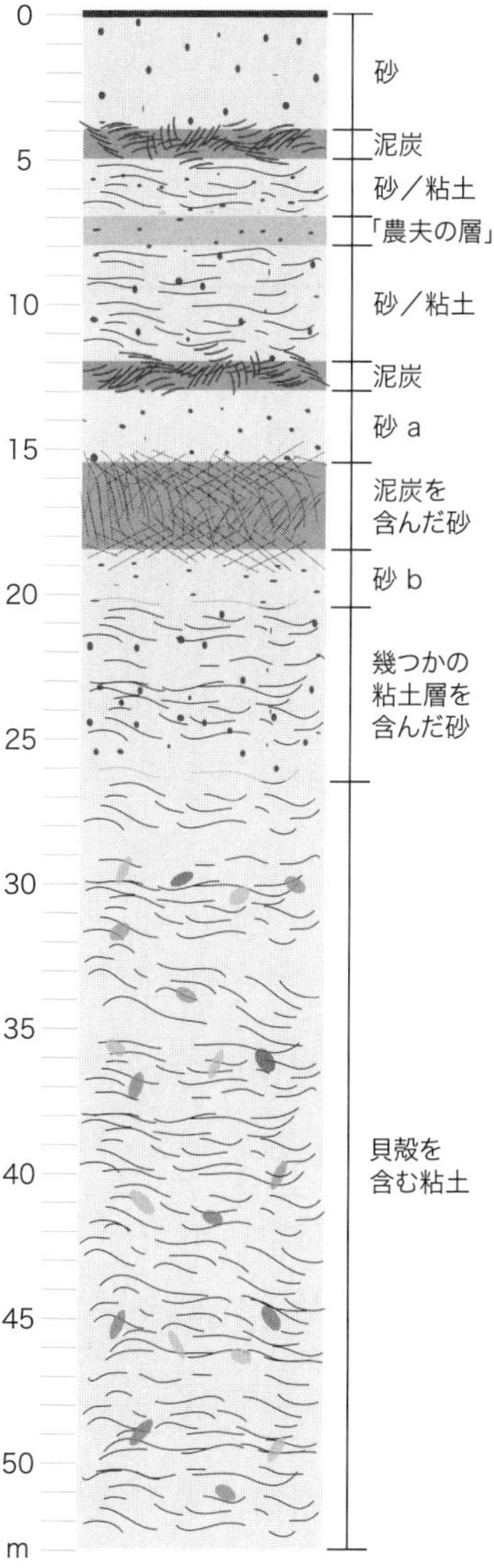

図1−1　オランダの地層

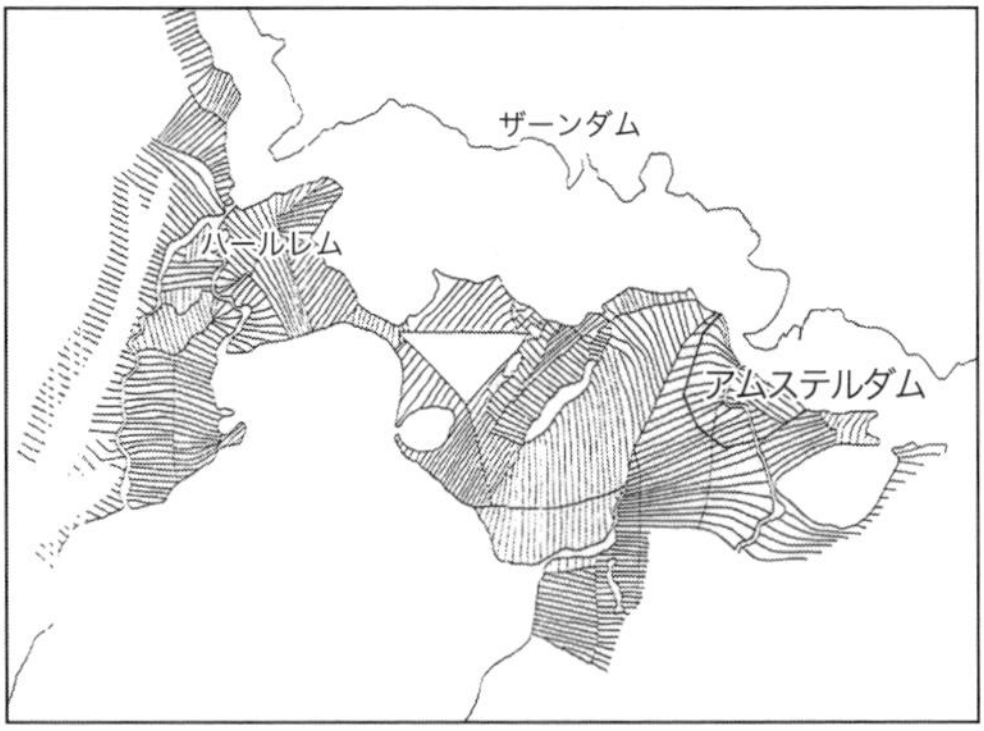

図1-2　アムステルダム市周辺の初期の干拓地（ポルダー）

昇も、地中に杭を打たねばならない理由の一つだった。上記の二つの砂層は、基礎の重みを支えることが可能なので、住宅の基礎部分には無数の杭がこれら二つの砂層いずれかにまで打たれた。アムステルダムの住宅のほとんどが、これら二つの砂層のいずれかの上に建っている。

沼地を形成していた泥炭層はかつて最上層だったが、現在は地表面から四～五メートル下にあって、砂層やその上の瓦礫の層により覆われている。これら二つの層は運河を浚渫した際に生まれた土を泥炭層の上に盛ることによってできた層であり、その新しくつくられた層の上に建築物が建てられていった。一七世紀に行われた大掛かりな市の拡張は、大量の砂を必要とし、その砂の全てが海岸から持ち込まれた。

太古より長い間、現在のアムステルダムの周辺地域には牧草地、荒地、小さな耕地が存在していたが、それらのほとんどが泥のような土地だった。一〇世紀まで、海岸沿いに住む人々は、目の前に広がる低湿地帯をすすんで開発しなかったため、その湿地帯における生産的な行いは不可能だった。その当時、人々は泥で固めて造られた「ハイステルピェ（huisterpje）」という小高い築山上に自分たちの住居を建てて洪水から身を守った。このような不毛の土地を開拓することに初めて成功したのは一二世紀の終わりになってからだったが、その直後、洪水によって土地は水浸しの状態に戻された。海岸線は常に変化し、そのため、海岸線の住人たちは目の前の湿地帯といかにつき合っていくかという事を真剣に学ばなければならなかった。

湿地を耕していく過程で失敗を繰り返しながら様々な技術を試みていくことにより、住人たちは干拓技術を向上させていった。それに加え、「干拓によって苦労して得られた土地（ポルダー）を、自分たちが協力しあって守っていこう」という共同意識が住人たちの中に芽生えた。干拓は資金・技術・組織力が必要な事業である。そのため、一二世紀以来、コミュニティ（後になって自治体）が主役となって行われてきた。そして、高所からの水の浸入を防ぐため、水辺に堤防や土手を建設することが絶対的な条件となった。これはその後の都市計画の基盤を成し、また、干拓によって住民自治・協議・合意の精神が養われ、治水の前には皆平等という意識が植えつけられていく結果となった。低地オランダのデルタ地帯に移住した人々は、国土の三分の一にあたる土地を懸命の治水によって干拓し、都市を建設していった。

堤防から始まったアムステルダム（一三世紀以降）

一二〇〇年ごろ、ザウデル海（現在のアイセル湖）の一部をなすアイ湾（Het IJ）へ注ぐアムステル川河口周辺に、最初の定住者が現れた。最初の定住者は主に農民であり、アムステル川河口の堤防に沿って住居をつくり、生活していた。

一三世紀後半の半ばになると、アムステル川沿いの住民が増え始め、新しい住民のための住居空間が

海の堤防
- a　スパールンダムダイク
- b　ハールレムメルダイク
- c　ハールレムメル通り
- d　ニウェンダイク
- e　ダム
- f　ヴァルムス通り
- g　ゼイダイク
- h　ヨーデンブレイ通り
- i　カダイク

川の堤防
- j　カルフェル通り
- k　アムステルダイク
- i　ネス

図1-3　アムステルダム市の中心部を走る堤防（ダイク）の様子

上　図1-4　初期の住宅
左　図1-5　ダム周辺の様子

必要となった。そこで、海岸や河岸などの後背地をつくっていくため、そして洪水の問題を克服するため、一二七〇年ごろ「ダム」がアムステル川上につくられた。そして、家々が堤防通りの後背地に次々と建てられていき、ダム周辺地区のコミュニティはより大きなものとなった。「堤防」という言葉は、オランダ語では「ダイク（dijk）」という。アムステルダム中心部には「ゼイダイク（zeedijk）」と呼ばれる「海の堤防」と、「リフィールダイク（rivierdijk）」と呼ばれる「川の堤防」の二種類の堤防が走り、ダムを境にして海の堤防と川の堤防に分けられる。町の中心部には図1－3のように堤防が走っており、ヴァルムス通り（Warmoesstraat）やニウェンダイク（Nieuwendijk）と呼ばれる通りは堤防上につくられ、その名

図1-6　ポルダー地帯のランドスケープ

①ダム
②ヴァルムス通り
③旧教会
④アムステル川
⑤ゼイダイク
⑥ニウェンダイク
⑦アイ湾

図1-7　14世紀のアムステルダム

前は現在まで引き継がれている。

その後も住民は増え続け、一二七五年当時の人口は一〇〇〇人になった。同年、ホラント伯フロリス五世がアムステル川周辺に住む人々に対し、運河を通るための通行税の支払いを免除した。この出来事がアムステルダムの町が誕生するきっかけになったと一般的に考えられており、これにより自治権を持つことができた。一三〇四年にいったん市の権利を失ったが、その後、一三〇六年に当時アムステル川流域を所有していたウトレヒト司教から市の独立を認める特許状が、ドルドレヒト（Dordrecht）、ハールレム（Haarlem）、デルフト（Delft）、ライデン（Leiden）に続きアムステルダムに授与された。以前にも増して大きな権利を持つことが可能になり、町は防備のための市壁を持つことも可能になった。最初の市壁は土塁によるもので、四つの市門がつくられた。これらはいずれも堤防通りと市壁のぶつかる地点に位置しており、堤防通りが主要な通りだったことが理解できる。

市内で最古の教会である旧教会（Oudekerk）が周辺より固い地盤上に建設され（尖塔は一五六五年に完成）、教会は船乗りの守護神である聖ニコラスに献堂された。一三三四年、アムステルダムは聖ニコラス教区になった。

　自治都市になる以前から、アムステル川周辺に住む人々は、川を通る船舶から通行料を徴収した。町が誕生したころの様子を描いた古地図では、ダム付近に跳ね上げ橋が設けられており、橋のあたりに集まる数隻の船が確認できる（図1－7）。船は通過する時に跳ね上げ橋の管理人に通行料を支払った後、橋を上げてもらってアムステル川の上流部へ向かった。その後、ダムが設置されたことによって、船舶はダムのところでいったん止められ、それより先への往来は不可能になった。しかし、ダム設置後も交易はますます盛んになり、アムステルダム周辺の家畜や近海で獲れた魚などの荷物を積んだ船は、ザウデル海からアムステル川の河口へ入った後、ダム付近で荷下ろしを行った。下ろされた荷物はダムより内陸（上流）側に停泊する船へと積み替えられ、オランダ内陸部へ輸送された。古地図内では多数の船が河口付近に停泊しているのが見られる（図1－23）。アムステルダム市民たちは、その交易の仲介役を担った。

図1-8　現在のニウェンダイクは，最も賑わいのあるショッピング・ストリートへ

　ダムでの荷下ろしに長い時間がかかるため、一三四七年に最初の水門がダムに築かれた。水門を開けることにより、船はアムステル川の上流へ行くことも可能となった。それと同時にダムにつくられた水門を管理

図1-9　ゼイダイクに設けられた水門

する者も登場し、そして水管理委員会が生まれて水門を所有した。

センターとしてのダム

「アムステルダム」という都市名は、「Amster-dam」と切り離すことができる。「Amster（アムステル）」とは町の中心を流れるアムステル川（Den Amstel）のことを指す。一方、「dam（ダム）」は「水を堰き止める」という意味で、日本でも非常になじみのある言葉である。つまり、「アムステル川につくられたダム」という意味が、この都市名のなかに込められている。同じく「ダム」に町の起源を持ち、都市名にその名残がある例としてロッテルダムやハウダ（ゴーダ）がある。ロッテルダムはロッテ川に築かれたダムから発展し、ゴーダチーズの産地としても有名なハウダはハウ川に築かれたダムから発展した。

ダムはまず初めに堤防という役目をもち、次にアムステル川を渡る「橋」としての役割をも担っている。

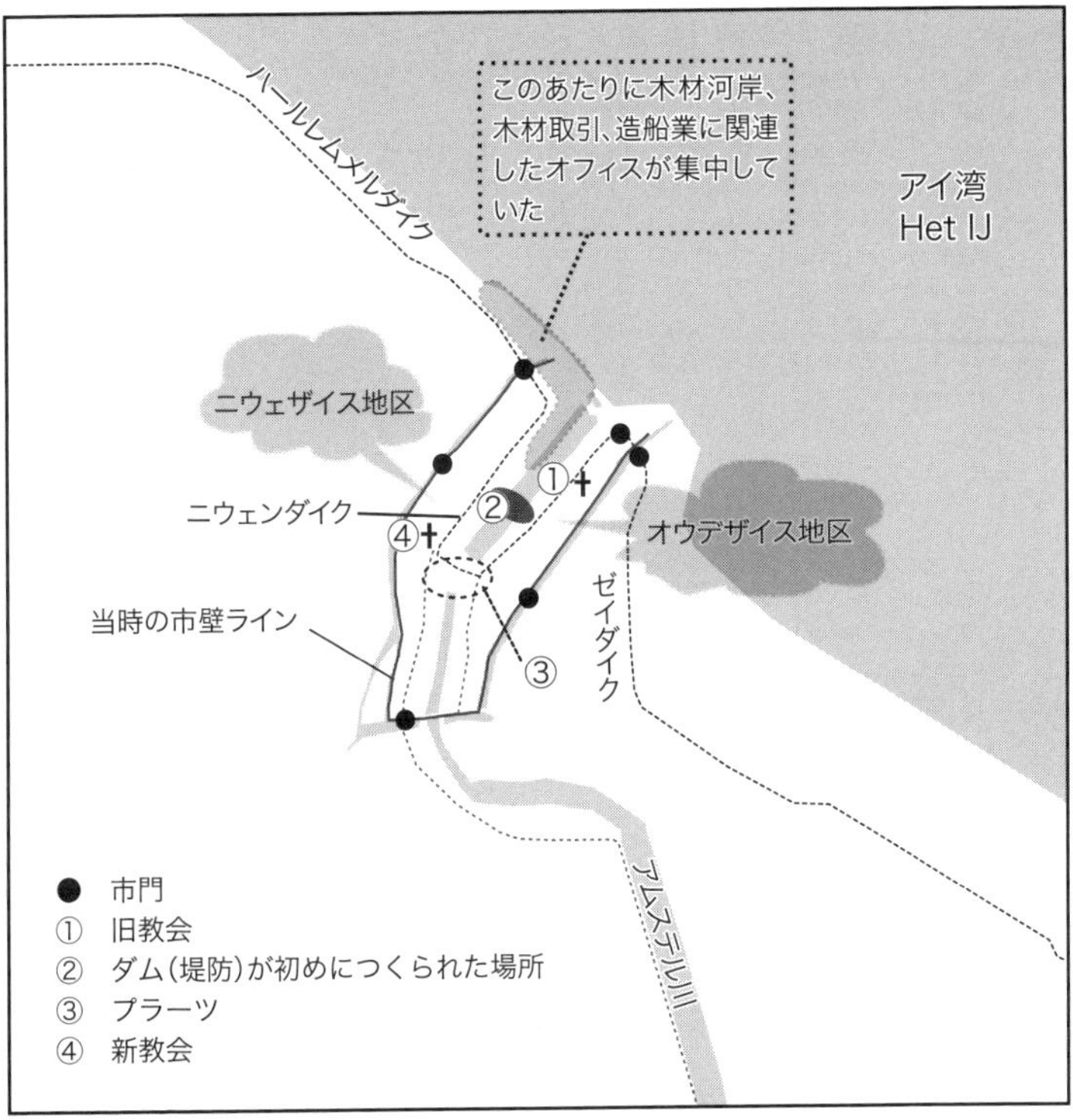

図1-10　1350年ごろのアムステルダム

後者の役割は、川の両岸間の自由な行き来を可能にすることであり、したがって川の両岸の地域間の交流も容易に行われた。そして、ダムが両岸間の交流の仲介役のような役割を果たしながら、川の片側(旧教会側)だけの発展に留まることなく、町が川の反対側へ発展していったと考えられる。つまり、非常にバランスの良い都市発展をすることができた。

古地図から判断する限り、ダムは時代を経てその位置を変えていったが、ダムが設けられた周辺地区は取引を行う空間として賑わった。市内の中心広場だったプラーツには計量所が開設され、計量所内にある大きな秤によって物資の重さが量られた後、取引価格などが決められた。プラーツは現在のダム広場よりもアイ湾に近い位置にあり、ダムとは離れた場所につくられた。広さは現在あるダム広場よりも狭かったことが、古地図より読み取れる。一四〇八年ごろには市庁舎の隣に新教会（Nieuwekerk）が完成し、川に面したところには魚市場も開設され、プラーツは多くの人々が行き交う空間となった。

こうしてダムは市内の交易の中心としての地位を強めただけでなく、人々の交流の橋渡しとして中心的な役割も同時に果たした。空間的にだけでなく、精神的にもまた、ダムはまさしく都市の「へそ」であり、いつの時代になっても非常に重要で欠かすことのできない部分であり続けた。

交易による発展

このころ、北ヨーロッパ地方では少なくとも八〇にも及ぶ北ドイツの町々が連合し、いわゆるハンザ同盟を結成し、北海やバルト海方面で活動していた。彼らは北欧における国際貿易の覇権を握り、各地に大倉庫を設け、この方面の産物である魚、材木、穀物などを蓄え、取引していた。ハンザ同盟の都市が集まるバルト海交易は「全ての貿易・商業の母（Mother of all commerce）」と呼ばれ、アムステルダム周辺地域はドイツ地方に近かったため、初期のころから最も重要な港町だった。

ダム周辺に住む市民のほとんどは、交易や商品の加工処理の仕事に古くから従事し、利益を得る事によって生活を成り立たせていた。その後、アムステルダム市内の商人や商工業者たちはギルド制の影響を強く受け、業種ごとにギルドを立ち上げた。

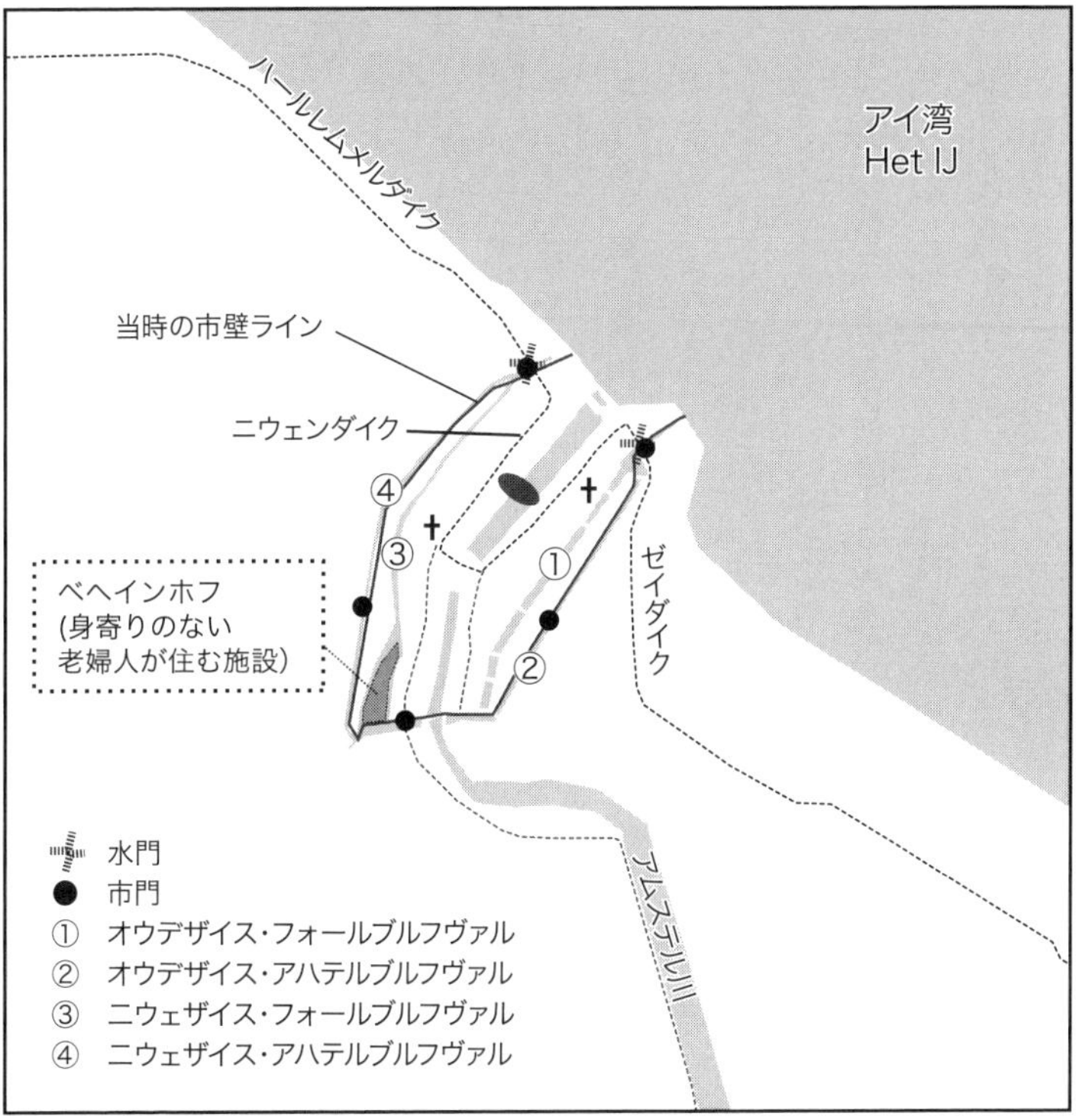

図1-11　1380年ごろのアムステルダム

当時のアムステルダムの経済的繁栄は主にビールと鰊《にしん》（ハーリング）に基づいていた。そして、ベーコン、バター、鰊の燻製といった加工品が、国境を越えて市場でよく売りに出されていたようだ。主な取引先だった北欧諸国へ、織物、ライン地方からのワイン、北海で獲れた鰊を積み込んで出向き、その帰りに木材、毛皮、タールなどを持ち帰った。

仲介貿易で重要な商品はビール、穀物と続き、一四世紀にアムステルダムはこれらの商品の重要な市場だった。ビールは上水道システムの整備されていない時代には最適の飲料水だった。一三二三年ごろ、ハンブルクからビールを輸入する独占権を与えられたが、アムステルダムのビール醸造者の利権を守るため、輸入される際にビールに対して税金が課せられた。

鰊は、スウェーデンの南海岸で獲れ、アムステルダム市民の日常食として欠かせないものだった。幸いなことに、一四〇〇年ごろになると鰊の交尾の場所が北海へ移り、それと同じころに、漁師たちによって鰊の加工法（内臓を抜き取ってしまうこと）が新しく考え出されたため、収穫後の鰊の持ちが長くなった。結果として、漁師たちが海上にいられる時間も長くなり、利益を増やすことが可能になった。

以上のように、鰊とビールの二品目を中心とした交易によってアムステルダムは繁栄し、一四世紀後半に市域は若干ではあったが再び拡大され、オウデザイス・アハテルブルフヴァル（Oudezijds Achter-burgwal）とニウェザイス・アハテルブルフヴァル*（Nieuwezijds Achterburgwal）という二つの運河が新しく建設された。新しくつくられた各運河と既存の運河がそれぞれぶつかる位置には水門が設置され、定期的に開閉がなされて水位または水質が保たれた。

＊　ニウェザイス・アハテルブルフヴァルは一八六七年に埋め立てられ、スパイ通り（Spuistraat）と名前が変えられた。

2　中世の都市空間へ（一五世紀以降）

市壁と運河、橋上の広場

一五世紀、人口も一万人（一四五〇年当時）と増え、市域内が手狭になってしまった。この時代になると、オランダの各都市が自治都市としての意識を持ち始め、市壁と要塞運河をセットにして建設を行いながら頑丈な都市骨格をつくり上げていった。アムステルダムでは、市の東側に「ヘルデルセカーデ(Geldersekade)」と「クロフェニールスブルフヴァル(Kloveniersburgwal)」、西側には「シンゲル(Singel)」と呼ばれる運河が、市壁よりも外側に建設された(図1-20)。これら三つの運河は、それ以前につくられた市内の運河(五〜一〇メートル)と比べて幅が広く(それぞれ約三〇メートル)、防御面を向上させるという理由からより広くつくられたと考えられる。「シンゲル」とは「都市の周囲の運河」という意

図1-12　シンゲルの花市．花屋の店舗は水上に浮かぶ

図1-13　同　店先は花であふれる

図1-14　プラーツに立つ市庁舎

味であり、オランダの歴史的都市の旧市街には、「シンゲル」と呼ばれる運河が必ず存在する。アムステルダムにおける中世の要塞は、一四二五年から五〇年までに二段階を経て建設された。一四八一年までに中世の城の基本型と一致する土塁が築かれ、塔と市門、そして二個の風車が市壁に付属して建設された。

プラーツに面して建てられた市庁舎ではアムステルダム市議会が開かれ、一四〇〇年には君主の許可なしに市長（四人）を任命できる特権を得ることができた。また、市長は町を治め、必要があれば後継者を指名することができた。九人の長老議員が陪審員となり、彼らは市長から許可を受けて死刑宣告を

図1－15　涙の塔（外観）

図1－16　涙の塔（1544年ごろ）

図1－17　同（1870年ごろ）

行う時以外は、町の審判を自由に行うことができた。こうした権力が少数者に集中している支配体制は、民主主義とは反したものだったが、一七九五年まで続くシステムだった。しかし、市庁舎は一四二一年の大火によって消失してしまった。その後にゴシック様式の市庁舎が新しく再建された。

　塔は市壁の外に張り出すように等間隔に設置された。現在も残る塔として有名なのは、「涙の塔」と呼ばれている塔である。この塔はアイ湾側の監視を行う役目を果たすために一四八〇年に建てられたが、船出する船員たちとの別れを惜しむ女性たちが泣きながらこの塔付近で船員たちを見送ったということから、その名前がつけられたという話が残っている。

図1–18　左側に見えるのがヤン・ローデン門塔

図1–19　ヤン・ローデン門塔があった場所

　その他、市庁舎や計量所があったプラーツ近くの市壁に付属してつくられた「ヤン・ローデン門塔(Jan Roodenpoortstoren)」は、市門の役割も担っていたようである。塔は残念ながら現在は残っていないが、人々が集まる門前の広場だったとうかがえるような橋上の広場空間として、賑やかな空間が受け継がれている。その空間は橋の中央部分がわずかに高く、まるで運河の上に丘が出現したようだ。少し高い位置にある橋の上から水辺の眺めを見下ろすのは、とても気持ちがよい。橋の袂にあるカフェのテーブルや椅子が橋上まで出されることもあるので、天気の良い日には椅子に座って運河を眺めながら飲食を楽しむ、といった少し贅沢な気分を味わうことができる。事実、アムステルダムでは橋のたもとにカフェが多く、そして運河のそばにまでテーブルが置かれる。昼間からコーヒーやビールとともに世間話をつまみにしておしゃべりに興ずる人々、黙々と読書にふける人、そして人間ウォッチングを楽しむ人たちが橋の袂に集まる空間をつくり出している。

一五世紀の都市空間構成

一五世紀後半の都市空間構成を確認するため古地図を見てみると、アムステル川の河口付近に防波堤が建設され、市の中心に取引を行う空間や商業施設（時に住宅を兼ねる）が集まり、その周囲に住宅地が広がり、生産の場である工業地区や倉庫街は市の外郭に置かれていたと考えられる。たとえば、染物を乾かすための網棚や枠を必要とするテキスタイル産業地区が市外につくられた。テキスタイル産業に関連して通りの名がつけられ、それは今でも残っている。そのほか、ロープを製造する地区もあった。また、市民権を持つことがまだ許されていないニューカマー、冒険家、興行師などの住まいが市外につくられた。

市外の東部に初めて大規模な工業地区がつくられ、それは「ラスターへ（Lastage）」地区と呼ばれた。「ラスターへ」はオランダ語で「荷下ろし」を意味し、古い時代からこのあたりで船が荷下ろしをして

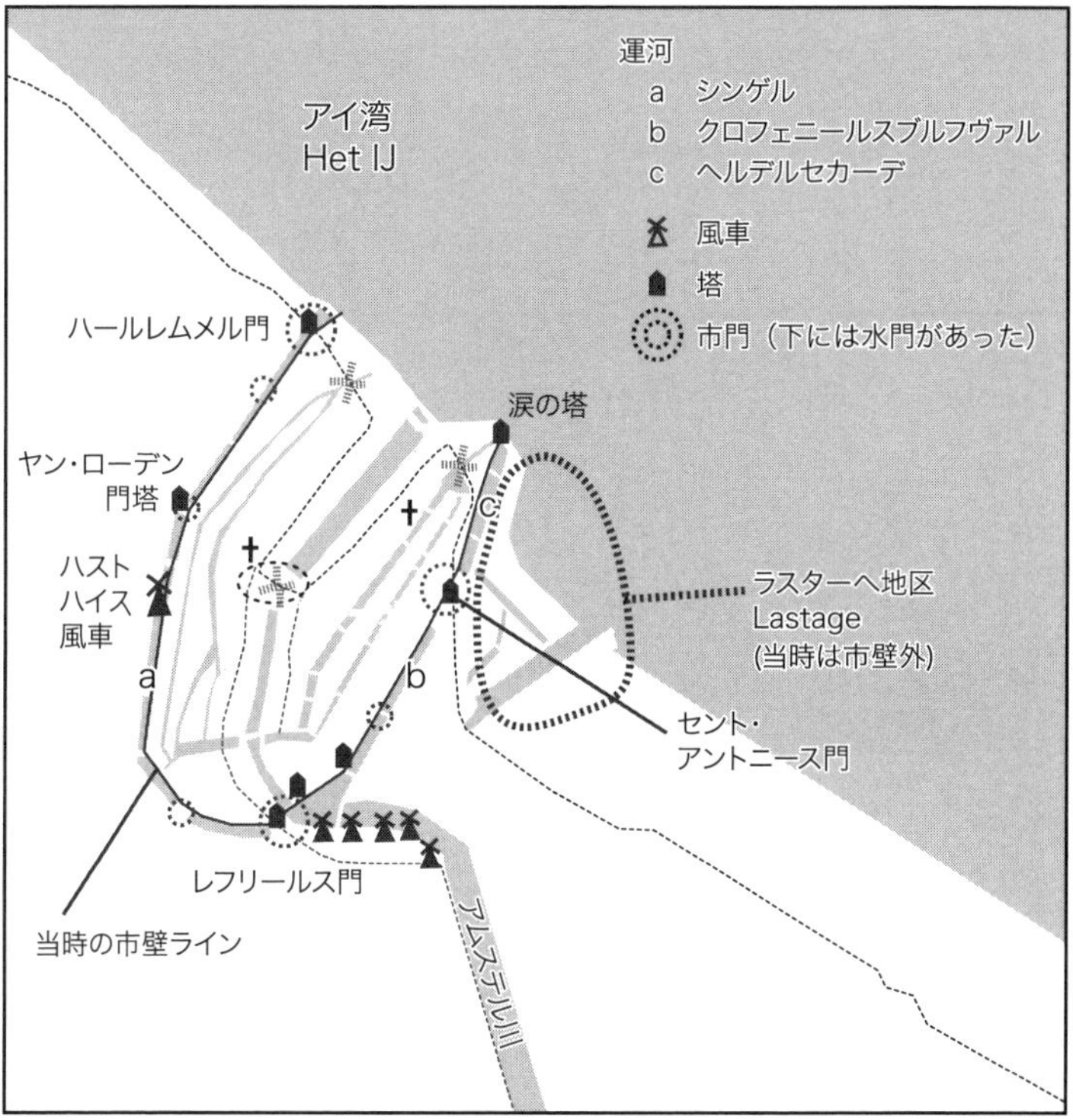

図1-20　1489年ごろのアムステルダム

いたことから名づけられた。その地区は造船、木材河岸、倉庫のための空間として使われた。ラスターへ地区は当時のアムステルダムの繁栄を支える重要な地区であったが、意外にも市壁の外にあり、しっかりとした防御体制がこの時にはまだ整えられていなかった。もともとこの地区は古くから産業エリアとして発展してきたので、その性格を受け継いで発展させたと考えられるが、それでもこの都市を支えていた地区が敵に襲われやすい海沿いに、あまり重装備をせずに成立していたのは不思議である。市内の安全を

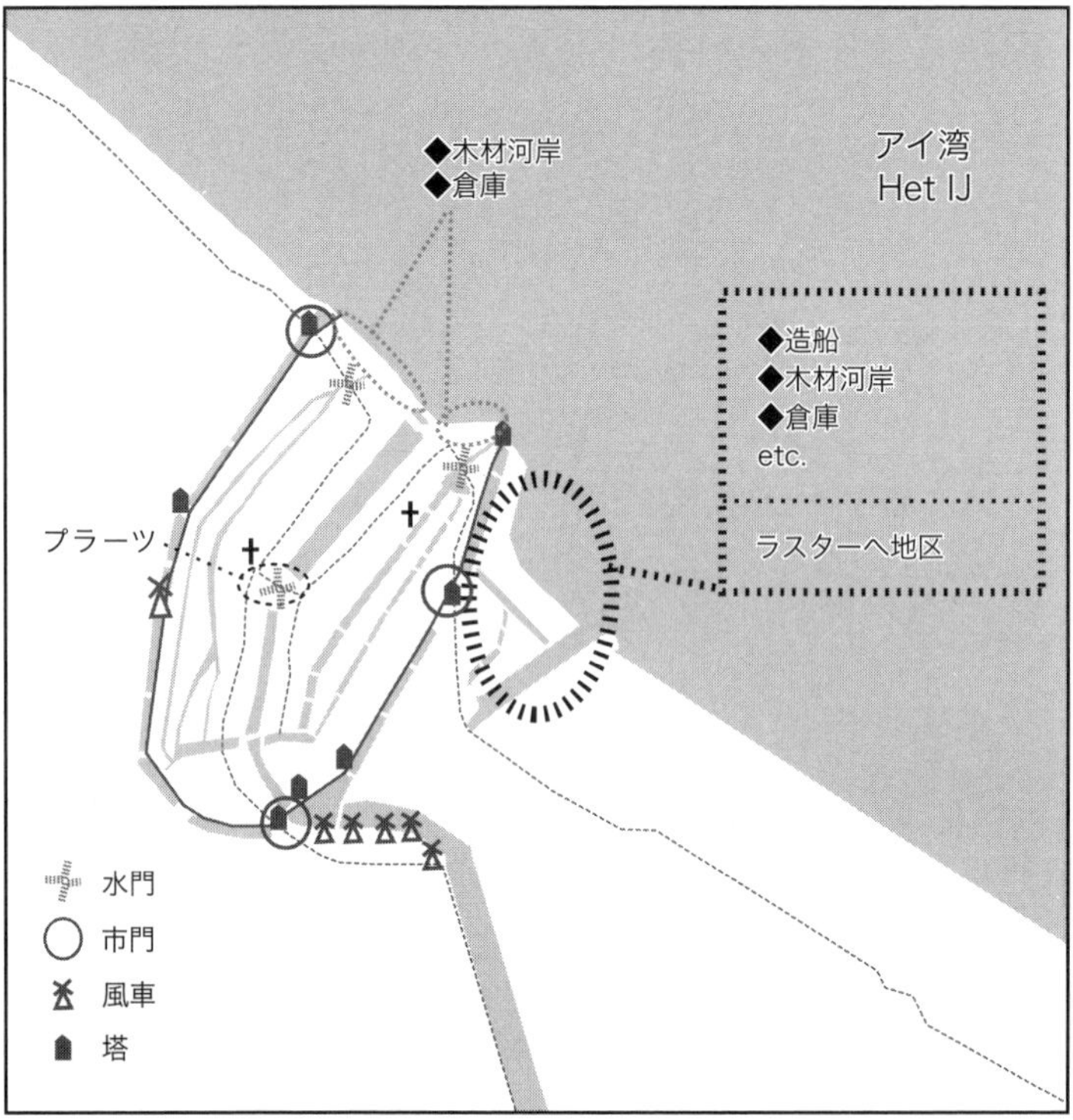

図1－21　1489年ごろの産業立地図

優先的に考えた結果、外部から真っ先に攻撃されやすい工業地区や造船地区を市外に置くことにしたのだろうか。

造船に欠かせない木材は、ラスターへ地区はもちろんのこと、オウデザイス・フォールブルフヴァル沿いの河岸に下ろされていたことが、古地図から見て取れる。そのほか、アムステル川に沿ってニウェザイス地区ができたころより、その地区の約半分が一大木材取引場をなし、川沿いに多くの船が停泊し、河岸には木材が積まれている様子も、古地図から読み取れる。河岸沿いには木材を扱うオフィスが設けられ、活発な木材加工や取引が行われていたと考えられる。また、アイ湾に面した場所にも木材河岸が設けられ、それよりさらに市から離れたアイ湾沿いの空間が、造船のために利用されていたことも、同様に古地図から読み取れる。市域が拡大した後も、ニウェザイス地区のアイ湾に面した河岸では、変わらず木材が荷揚げされていた。しかし、ニウェザイス地区の木材を加工していた空間はその後ほとんどが残念ながら姿を消してしまい、建築が建てこむ街区へと変容を遂げた。おそらく一五世紀に市内で頻繁に起きた火災のために、木材加工空間一帯が焼失してしまったのだろう。しかし、このあたりはその後も長い間木材河岸として賑わい、「木材の庭」と直訳される「ハウトタイネン（Houttuinen）」と呼ばれた。当時の主要取引先だった北欧諸国から木材を積んで帰港した船は、河岸に直接船をつけて木材を下ろし、その木材は主に造船、住宅や風車の建設などに使われた。

3 大きな時代の変化の渦の中へ

アムステル川の河口にダムを築き、オランダ北部の交易活動の中心地として確実に発展していったアムステルダムだったが、一六世紀という時代はその後にやって来るオランダ黄金時代の性格を着実に蓄えていく時代となった。

当時はアントヴェルペン（Antwerpen. 現ベルギーの都市で一般的に「アントワープ」と呼ばれる）の町がヨーロッパ貿易の中心地であったが、バルト海方面の商人たちは交易拠点としてのアムステルダムに重

図1-22　カトリックの白に対して新教徒は黒の服を着るのが一般的だった

きを置いていた。オランダ各都市間をつなぐ内陸交通の整備を進めていくことによって、アムステルダムを中心とした国内における舟運も発達した。

宗教改革がオランダにもたらした動き

イタリアのルネサンスが最盛期を迎えたころのドイツで、教皇の権威を否定して聖書に基づく信仰を主張する人々による宗教改革の運動が沸き起こった。*オランダ国内にも新教の波が到来し、干拓精神によって培われてきた「人民はみな平等である」という、ヒエラルキーのない社会のなかで、新教の考えは急速に浸透していったものと思われる。カトリック派のような、権威を持つ教皇がいて、そのもとで信仰がなされるといった上下関係の強い教えが、当時のオランダの人々にとってあまりしっくりいかなくなったのだろう。水と闘いながら一所懸命に都市を築き上げ、堅実な精神を成長させてきたオランダの人々は、新教（スイスで誕生したカルヴァン派が主であった）の精神性に深い共鳴を覚えたのに違いない。

＊　ドイツ国内ではカトリック派とルター派に分かれて争いが起こ

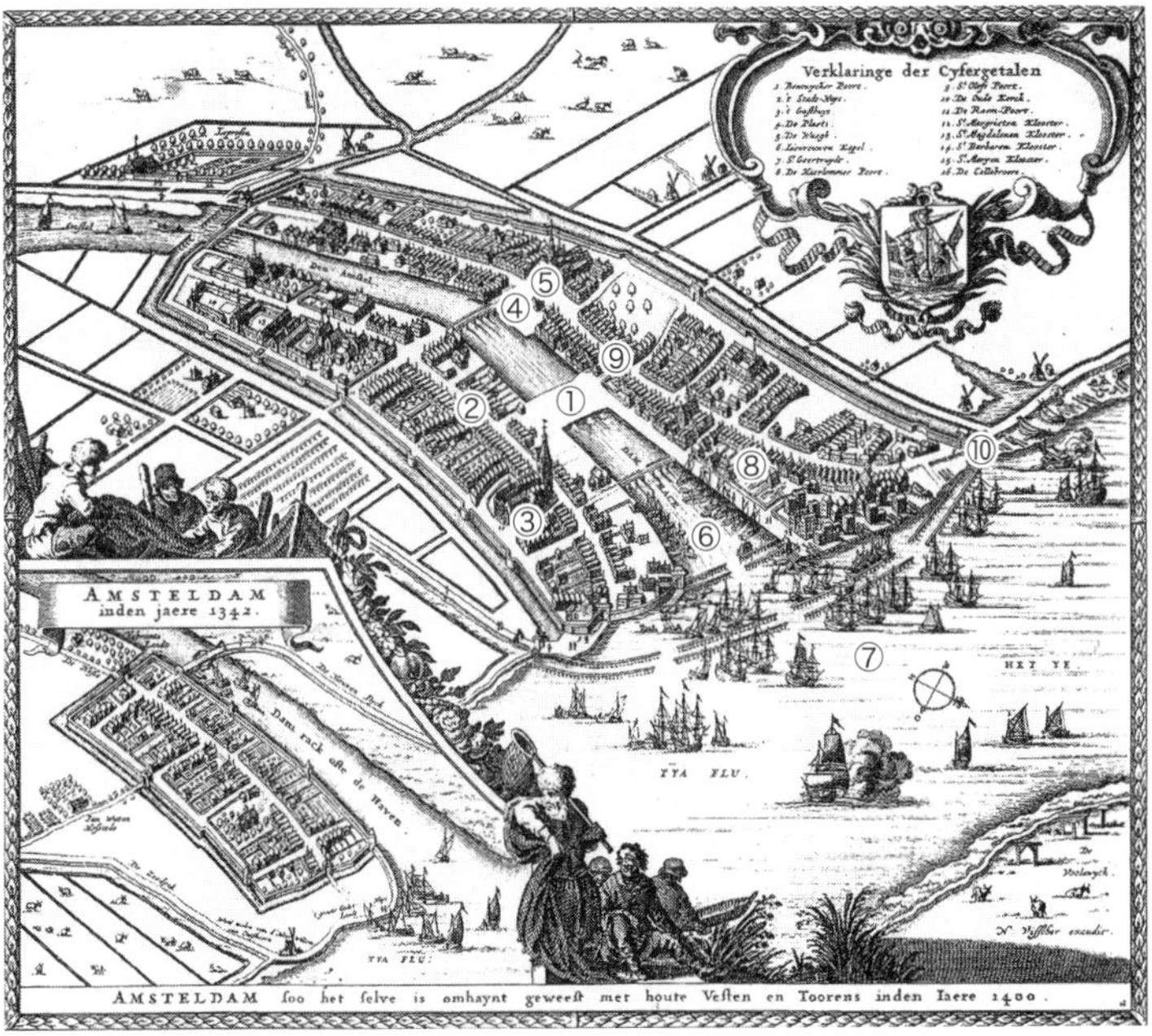

①ダム　②ヴァルムス通り　③旧教会　④プラーツ　⑤市庁舎と計量所
⑥ダムラック　⑦アイ湾　⑧木材市場　⑨ニウェンダイク　⑩造船所

図1-23　15世紀当時のアムステルダムの様子を描いた古地図

り、ついにルター派はローマ教会から分離して新しい教会組織をつくり、彼らはカトリック派に対抗する人々という意味で「プロテスタント（protestant）」と呼ばれた。このルター派の勢いは、オランダを含め北ヨーロッパへ広まり、オランダではこの新教の教派を「ホイセン（Geusen）」と呼び、フランスでは「ユグノー」、スコットランドでは「プレスビテリアン」、イギリスでは「ピューリタン」と呼ばれた。

しかし、当時のオランダはスペインの属領であり、スペイン国王フェリペ二世によって支配されていた。狂信的といって良いほど熱心なカトリック教徒だったフェリペ二世は「反宗教改革」の方針に基づき、アムステルダム、ハールレム、ロッテルダムに多く住んでいた新教徒たちに対する排斥政策を推し進めていった。それに対抗した新教徒たちは一五六八年に反乱を起こし、フェリペ二世もこの動きに対して軍を送って鎮圧しようとしたが、旧教徒（カトリック派）の多かったオランダ南部一〇州（現在のベルギー地方）を降伏させることはできても、北部の州（現在のオランダ地方）を降伏させることはできなかった。オランダとスペインのあいだで起こった戦い（独立戦争）はその後も続き、それは「八〇年戦争」と呼ばれた。

ルネサンスの到来

このような状況のなかで、アムステルダムには北から南から商品が集まり、保管されて精製され、そして加工された。主要な市場になっていたアムステルダムにおける交易の繁栄は、その他の分野の発展にも影響を与え、産業、技術、科学、地理学、印刷術、銀行業、保険業等のすべてが世界貿易と伴うように発生した。

ヨーロッパ南部からルネサンス文化が流入し、印刷術や建築デザイン等がオランダへ紹介され、一五世紀後半以降は数多くの出版物が発行された。これに加え、羅針盤の発明に伴う地理学や天文学を応用した精巧な地図が作成され、当時の航海術を発展させることに大いに貢献し、オランダ人の海外進出への興味を一層高める結果となった。この二つの知識を併せたものは、オランダ国内では都市の様子を表す地図作成の技術に生かされた。アムステルダムの古地図は一六世紀までは作者それぞれの思い入れが強く入っていたが、それ以後は都市計画図のおもむきが非常に強くなっていく。一定の高さを持った住宅が建ち並ぶ街区、定規できちんと線を引いたように思えるほどの正確さ。干拓工事の際にも地図を正確に描いて計画を立ててからのほうが効率良く、また正確に行うことができ、そのことからも地図の技術は急速にオランダ国内で発達していったと考えられる。

地図作成の技術に呼応して、都市デザインに対する考えも盛んになり、オランダにおける理想都市のモデルがシモン・ステフィンというオランダ人によって生み出されたのもこの時期である(図1－25)。教会や市庁舎といった主要な社会施設が市内で最大の広場に面するように配置され、裕福な市民は運河沿いに住み、それよりも貧しい市民はその背後に住む、という都市構造が考え出された。このシモン・ステ

図1－24　海上のオランダ船

図1－25　理想都市のモデル図

フィンによる考えは、「オランダ式に理解されたルネサンス」ともいうべき「ダッチ・ルネサンス」と呼ばれ、理性的秩序を基本としてモニュメンタルなデザインの上に成立している。しかし、これは他のヨーロッパの大都市の持つ空間性とは異なっていた。オランダ人は平等社会の上で都市生活を行っていたこともあり、パリに代表される他のヨーロッパ都市のようなモニュメンタルな都市計画をつくるための予算は、全く考えられなかった。こうしたオランダ人のメンタリティは、水に対する戦いが基盤をなしている。

都市をつくる際に用いられるスケールは、水管理の際に必要なスケールへとそのまま落とし込んで考えることが可能である。つまり、基本的に水管理を考えることがオランダの水辺都市を考えることなのである。そうしてつくられた都市空間は、水・道路・建物が一体となるようなものだった。水路が当時は空間的領域を分けており、敷地の間口幅を参考にしながら払われるべき税金が決められた。

独立戦争時の一五八五年、港町アントヴェルペンはスペインによって陥落し、町は衰退した。その後、一六世紀後半にアムステルダムは突如として繁栄を迎えた。その一因は、アントヴェルペンの商工業者たちがアムステルダムへ移り住んだことにある。アントヴェルペンが栄えていたころ、そこでは様々な外国人が貿易活動をしており、その関係を持つアントヴェルペンの商人たちがアムステルダムに移動した事により、その取引先との貿易がアムステルダムでも維持された。その結果、一五九〇年代に地中海地方やレヴァント地方との貿易が始まった*。つまり、アントヴェルペンの地でつくり上げられた貿易に関するノウハウが、アムステルダムの地に移植されたことにより、アムステルダムは一大商業都市へ大

図1-26　アムステルダムのオランダ東インド会社の倉庫と作業風景

躍進を遂げることができたのである。また、一五六五年にはプラーツに計量所が建設された。魚市場に関しては、一五九九年にいちばん初めに設置されたダムの位置に設けられ、その後一七世紀に入ると現在のダム広場に隣接するようにつくられた。

＊　中世における東方貿易を指す。「レヴァント」とは「東方」を意味し、広義にはギリシア、オリエント、エジプト方面を指すが、狭義には主として小アジア、シリアの地中海沿岸地方を指す。一一世紀から一六世紀までは北イタリア諸都市（とくにヴェネツィア）との取引が主だったが、その後拡大し、香料や織物など東方の物産が北イタリアを経由してヨーロッパ方面へもたらされ、その対価は主に南ドイツの銀だった。この貿易はやがて東インド航路の発見によって次第に衰退した。

また、遠方との交易が盛んになるのもこのころで、一五九八年には初代オランダ東洋派遣貿易艦隊司令官コルネリス・デ・ハウトマント（Cornelis de Houtmant）が四隻の東洋船隊を率いてジャファ島（ジャワ島）に到着し、東インド地方への航海に成功し、

図1－27　広場に面して建つ二つのシナゴーグ（両脇）

オランダと東洋方面との貿易活動が始まった。一六〇〇年にアムステルダム東インド会社が設立され、同時期にオランダ諸都市でも貿易会社が設立され、これらの幾つかは後述する連合オランダ東インド会社の前身だった。アムステルダムを中心に貿易活動の勢いは増していき、一六〇〇年の時点でアムステルダムは一〇〇〇隻以上の遠洋航行船の出帆する港として世界で最も重要な海港都市となった。

こうした流れを受けて、商人を含めた移民が国内外から流入するようになった。一五七〇年代のアムステルダム市内の住民のうち、アントヴェルペン近郊出身者の割合は一〇・九パーセントだったが、一五八〇年代にその割合は四四・二パーセントに上った。一方、スペインやポルトガルでの異端審問の厳しさから逃れるため、両国に住んでいたユダヤ人たちやユグノー（フランスの新教徒）たちがアムステルダムに移住してきたことも市内人口の急増に拍車をかけた。これに応じてアムステルダム市内には最初のシナゴーグ（ユダヤ人のための教会）が一五九七年に市の東部に建てられた。こうして、アムステルダムは人種のるつぼ

図1-28　シナゴーグがリノベーションされ，ミュージアムへと生まれ変わった

と化して国際貿易都市として賑わった。

都市の拡張（一六世紀）

一四五〇年に一万人だったアムステルダムの人口は、アントヴェルペンがスペインによって陥落した一五八五年以降、一五九七年には六万人へと膨れ上がった。急激に人口が増加したために市内は手狭になり、一五九三年までに市域の拡張が再び行われ、西側におよそ一街区分広がるだけだったが、中世の要塞が壊され（一六〇一〜〇三年）、新しい要塞環状運河と、その外側に近代的な砲台を備えた頑丈な要塞が新しくつくられた。その環状運河はアムステルダムの西南部にあるコーニングス広場（Koningsplein）まで掘られ、当時「コーニングス運河（Koningsgracht）」と呼ばれた。

期間（10年単位）	平均人口（人）
1600〜1610	60,500〜71,500
1611〜1620	84,500〜88,500
1621〜1630	108,500〜116,000
1631〜1640	126,500〜139,000

図1-29　アムステルダムの人口推移

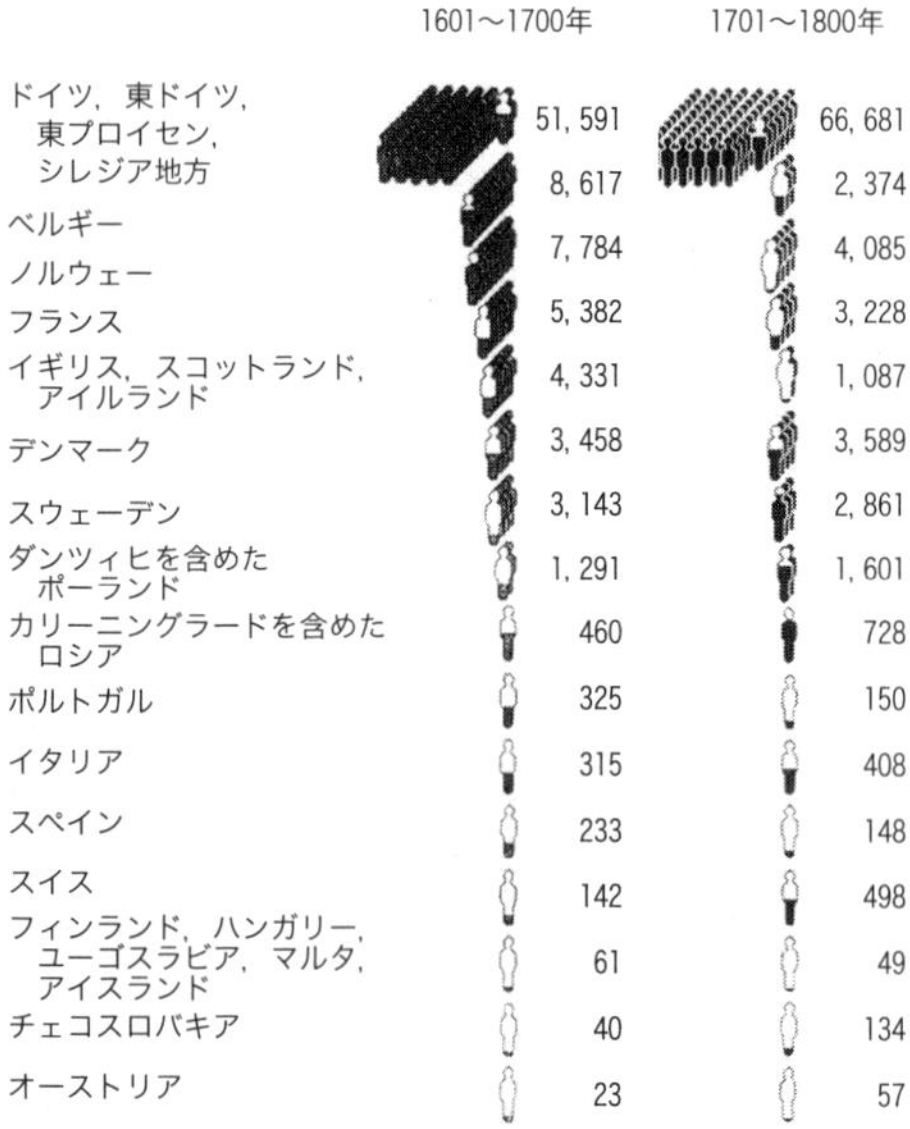

	1601〜1700年	1701〜1800年
ドイツ，東ドイツ，東プロイセン，シレジア地方	51,591	66,681
ベルギー	8,617	2,374
ノルウェー	7,784	4,085
フランス	5,382	3,228
イギリス，スコットランド，アイルランド	4,331	1,087
デンマーク	3,458	3,589
スウェーデン	3,143	2,861
ダンツィヒを含めたポーランド	1,291	1,601
カリーニングラードを含めたロシア	460	728
ポルトガル	325	150
イタリア	315	408
スペイン	233	148
スイス	142	498
フィンランド，ハンガリー，ユーゴスラビア，マルタ，アイスランド	61	49
チェコスロバキア	40	134
オーストリア	23	57

図1-30　1601～1700年および1701～1800年における，ヨーロッパ諸国とオランダ国内からのアムステルダムへの移民数（単位:1000人）

1601～1800年の間，総数でヨーロッパ諸国からは174,874人，オランダ国内からは153,490人の移民がアムステルダムへやってきた．

図中に記載されている国名や地域名，州名は，現在使われているもので表記されている．

なお，このデータは，アムステルダム市立公文書館の公文書保管人S.ハルト博士によるものである．

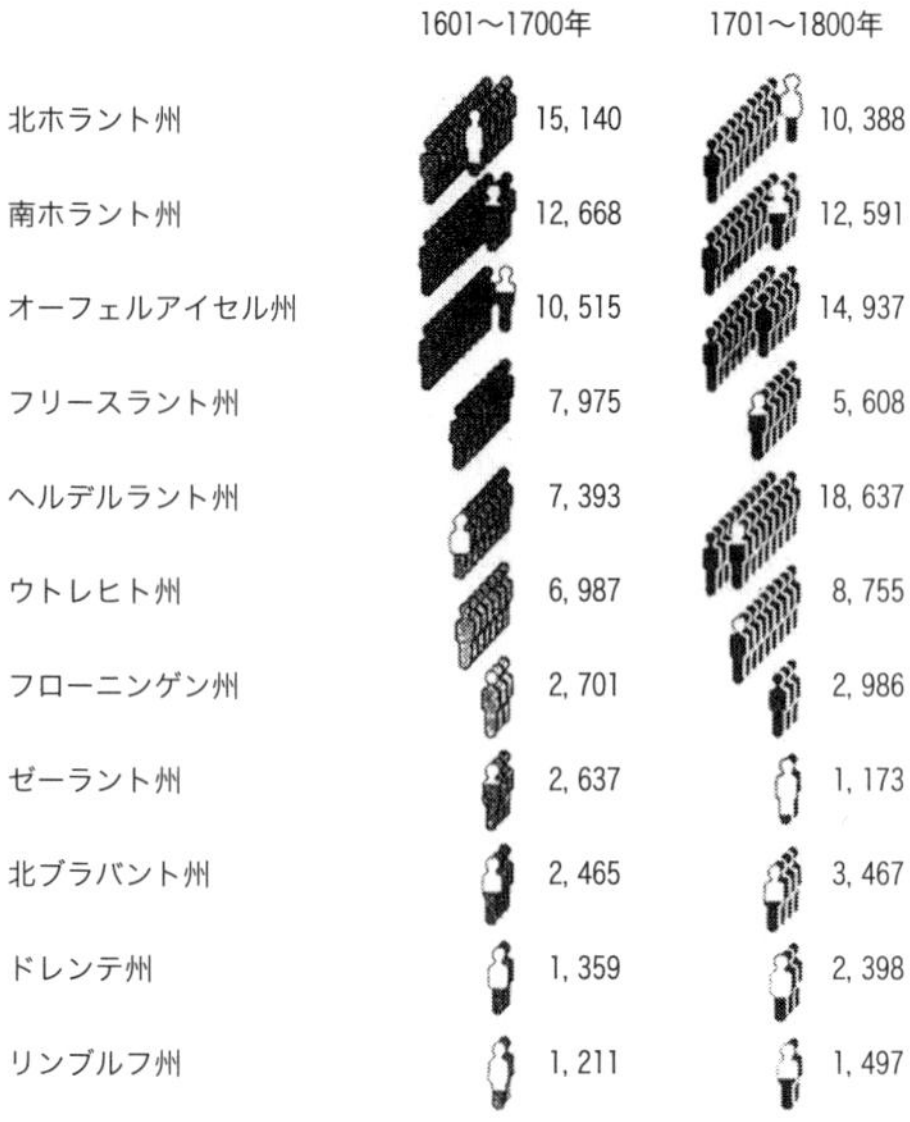

	1601〜1700年	1701〜1800年
北ホラント州	15,140	10,388
南ホラント州	12,668	12,591
オーフェルアイセル州	10,515	14,937
フリースラント州	7,975	5,608
ヘルデルラント州	7,393	18,637
ウトレヒト州	6,987	8,755
フローニンゲン州	2,701	2,986
ゼーラント州	2,637	1,173
北ブラバント州	2,465	3,467
ドレンテ州	1,359	2,398
リンブルフ州	1,211	1,497

コーニングス運河という名前はその後ヘーレン運河と改名されてしまったが、コーニングス広場と呼ばれる小さな広場が現在も残っている。

かつての外堀で要塞運河だったシンゲルは、拡張工事後に市内を流れる運河へと変わった。シンゲル沿いの河岸は、ラーデン・ロスカーデ（laaden loskade.「カーデ（kade)」は「埠頭・波止場」という意味のオランダ語）と呼ばれる重要な河岸となった。当時運河に面した広場には「りんごの市場（Appelmarkt)」、「ラスクや航海用の乾パンを売る市場（Beschuyt-markt)」、そして「わらの市場（Stromarkt)」と呼ばれた市場が設けられ、そうした名前は、現在は通りの名に残されている。

一方、拡張工事によって市の東側もさらに広くなり、アイ湾に面したところには外堤防が建設された。その目的は、市内に新しい造船所やロープ製造所を設けるための工場地区をつくることだった。以前よりこの地域はラスターへ地区という産業地区だったが、これによってラスターへ地区は市域内に入ることになった。

4 ヨーロッパ交易の頂点と都市の拡大

スペインからの独立戦争、アントヴェルペンの陥落とアントヴェルペン商人たちの流入、移民の流入、東インド方面への進出……一七世紀を迎えるころ、アムステルダムの町は、来る大きな波を前に活気に満ちていた。そうした状況下で、一六〇二年にオランダ連合東インド会社*が設立され、ますます町は発展し、国際色豊かな人々が住むようになった。一六〇九年に次の都市拡張計画がアムステルダム市参事会の重役から当時の連邦共和国政府に申請されて承認され、その翌年には市の参事会内でも承認を得た。この計画はアムステルダムで初めて都市計画家たちを雇って行われたもので、都市景観が都市計画のな

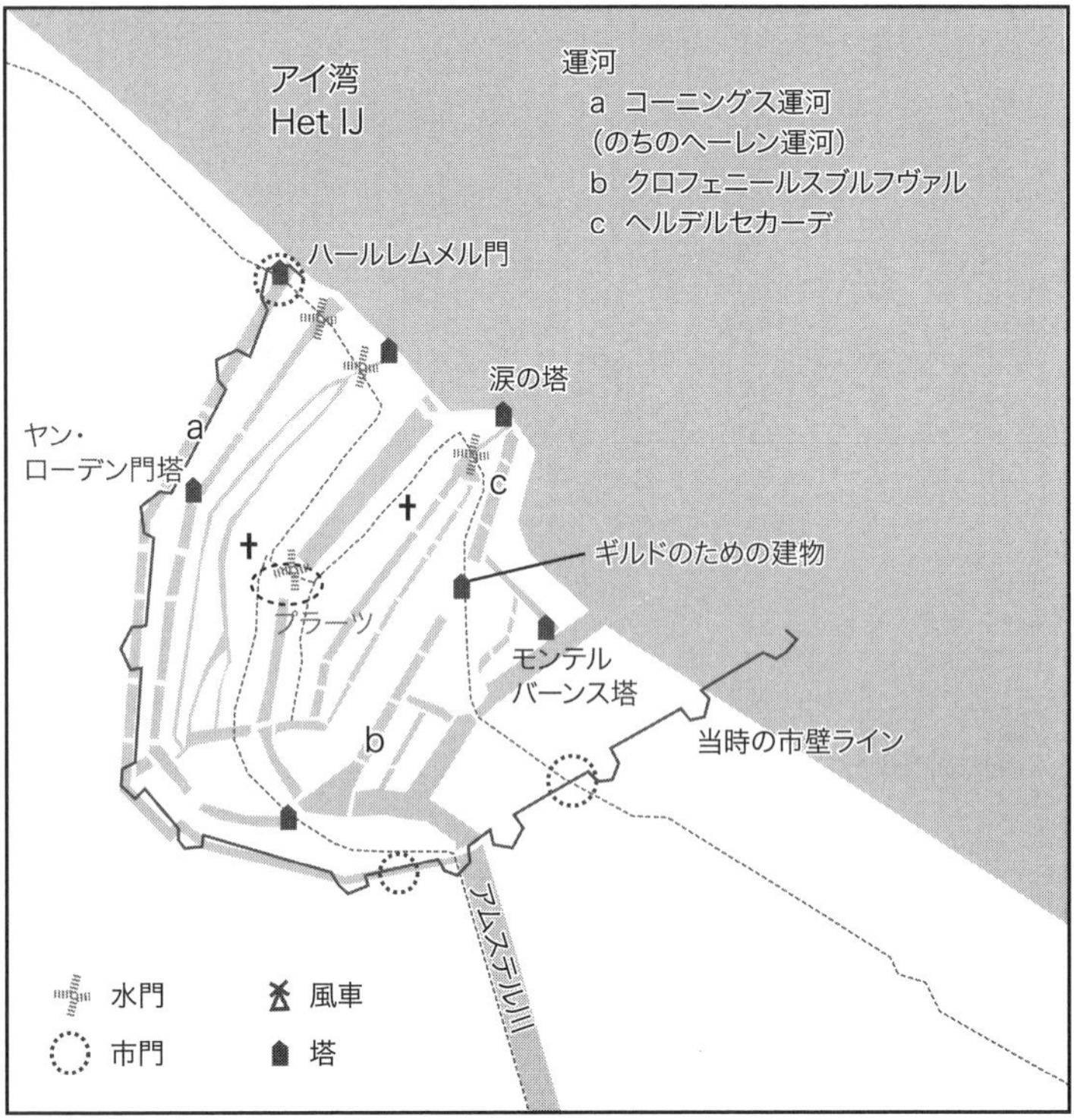

図1－31 1610年ごろのアムステルダム

図1－32 17人重役会の様子

かで本格的に考慮され、二期(一六一二〜二五年／一六五八〜六三年)にわたる拡張工事が行われた。

＊ スペインやポルトガルの貿易活動が、それぞれ王室の独占的事業であったのに対し、オランダの東インド会社は、

株式会社として成立していた。会社はアムステルダムを本部として、他にゼイラント、ロッテルダム、デルフト、ホールン、エンクハイゼンの五都市に、既存の貿易会社を単位とした支店のようなものを置いた。これは「カーメル(kamer＝部屋)制度」と呼ばれ、各都市の「カーメル」は東インド会社の傘下にありながらも、従業員の採用や会計帳簿の記入など多くの点で独立していた。また、六社ごとの出資額は、中央機関である「一七人重役会」によって決められ、拘束力をもっていた。出資額のほか、アジアへの毎年の航海数・建造予定船舶数、配当支払額、入札競売の条件なども、この重役会で決定された。

第一期目(一六一二〜二五年)は、大工のスタエッツと市長のウトヘンスらが中心となって立てられた計画のもと、市の西側部分が大がかりに造成された。そこには、前述したシモン・ステフィンの理想都市の考え方が反映され、裕福な市民は運河沿いに住み、それよりも貧しい市民はその後背地に住む、という都市構造が以前よりもはっきりとつくり出された。新しく三つの環状運河がつくられ、それらはヘーレン運河(Herengracht)、カイゼルス運河(Keizersgracht)、プリンセン運河(Prinsengracht)と名づけられた。これら三つの運河に沿って、一七世紀の繁栄を象徴するかのように立派な町並みが形づくられた。現在ではその町並みが保持され、当時の面影を伝える重要な観光資源となっている。

また、市の東側も拡張工事がなされてラスターへ地区の東側近くを走る堤防ラインから南に位置する僅かな部分が市域内に取り込まれた。この新しい地区はラスターへ地区が近くにあったこともあり、工場や造船産業のエリアになった。また、それまで市域の境界に位置していたセント・アントニース門は、この市域拡張によって市門としての役割を終え、かつての市門周辺はニウェマルクト(Nieuwemarkt. 直訳すると「新しくつくられた、市の立つ広場」という意味)と呼ばれる広場へと変わった。セント・アントニース門は、初めは商人たちの組合であるギルドのための建物に転用されたが、ダム広場にあった計量

図1－33　計量所へと転用されたセント・アントニース門

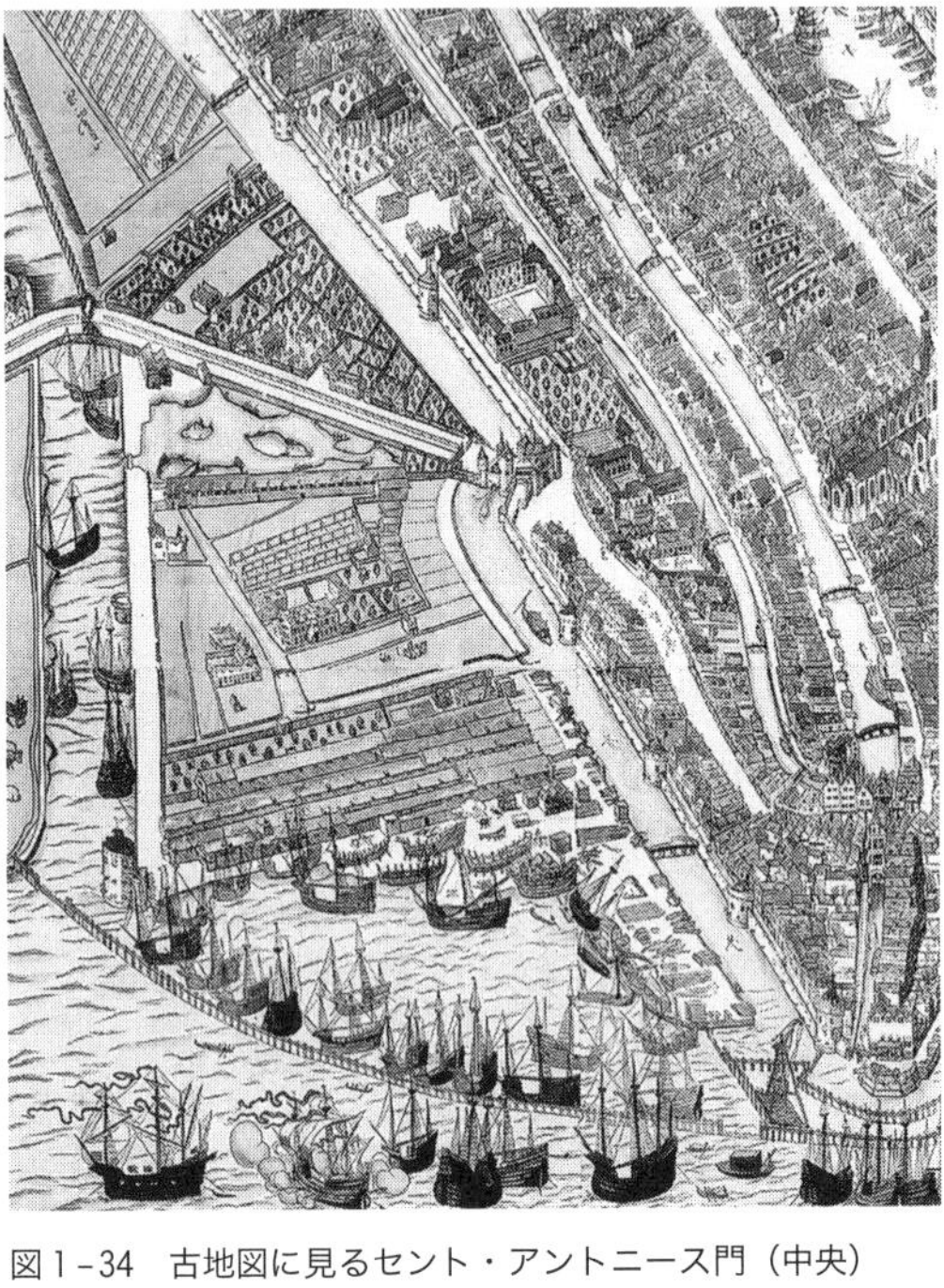

図1－34　古地図に見るセント・アントニース門（中央）

所だけでは取引を行うことができないほど貿易事業が大きくなり、一六一七〜一八年に第二の計量所として改築されて使用されることとなった。

第二期目（一六五八〜六三年）の工事開始前の一六四八年から、商業都市アムステルダムの威厳を示すべく、ダム広場に新しい市庁舎の建設工事が始められた。新市庁舎の建設中は既存の市庁舎を使用していたが、一六五二年に既存の市庁舎が火事に遭い、使用できなくなったため新しい市庁舎の完成が急

図1－35, 36　セント・アントニース門．計量所という経歴を持つ建物は，現在はカフェとして使用されている（左は内部）

がれた。しかし、この建設工事には七年もの歳月が費やされ、一六五五年にようやく立派な市庁舎が完成した。ヤコブ・ファン・カンペン（Jacob van Campen）設計の新市庁舎は、今までの市庁舎とは比べ物にならないほどの大きさを持ち、外壁は白色系の石でつくられた。ダムラックをアイ湾からダム広場方向へ進むと、運河沿いに建ち並ぶ建物の合間から陽光が壁面に当たることにより、光り輝く巨大な市庁舎が顔を出すという非常にドラマティックな景観がつくり出された。オランダの古い都市を訪れると、広場の中心には教会ではなく市庁舎が配置されていることが多いが、アムステルダムにおいてもそうであった。シモン・ステフィンによって考え出されたオランダにおける理想都市のモデルを踏襲し、まちの中心広場がつくり出された。現在、アイ湾からダム広場に向かうダムラックの一部は残念ながら埋め立てられたため、水辺からダム広場へアプローチすることはできない。しかしアムステル川河口に一九世紀に建設されたアムステルダム中央駅からダム広場へ歩いていくと、往時の船乗りたちが経験したであろうドラマティックな空間体験をすることができる。

図1－37　ヘリット・ベルクヘイデの描いたアムステルダム新市庁舎と，その手前にある計量所

一六四八年にスペインからの独立戦争が終わった後の第二期目の工事においては、第一期目でつくられた環状運河とヨルダン地区南部（末端部）からアムステル川までの地区、さらに川を越えてアイ湾にぶつかる間の地区が造成された。それはダムを中心として円を描くような都市のつくられ方だった。この期間中、人口は六万人（一五九七年）からその倍の一二万人（一六二五年）に増加し、そして一六六二年に二〇万人となった。

アムステルダム中心部の地図を見てまず興味深く感じるのは、まちが扇状をしていることである。なぜこのような形を当時の計画家たちは選択したのだろうか。それは、ルネサンス初期のイタリア理論やアルベルティの影響を受けてつくられたイタリア都市構造「円状都市」が関係している。事実、アムステルダムにつくられた三つの環状運河はオランダ語で「フラハテンホルデル（grachtengordel）」という総称がつけられており、その意味はまさしく「同心円の運河」を表す。しかしアムステルダムの場合、都

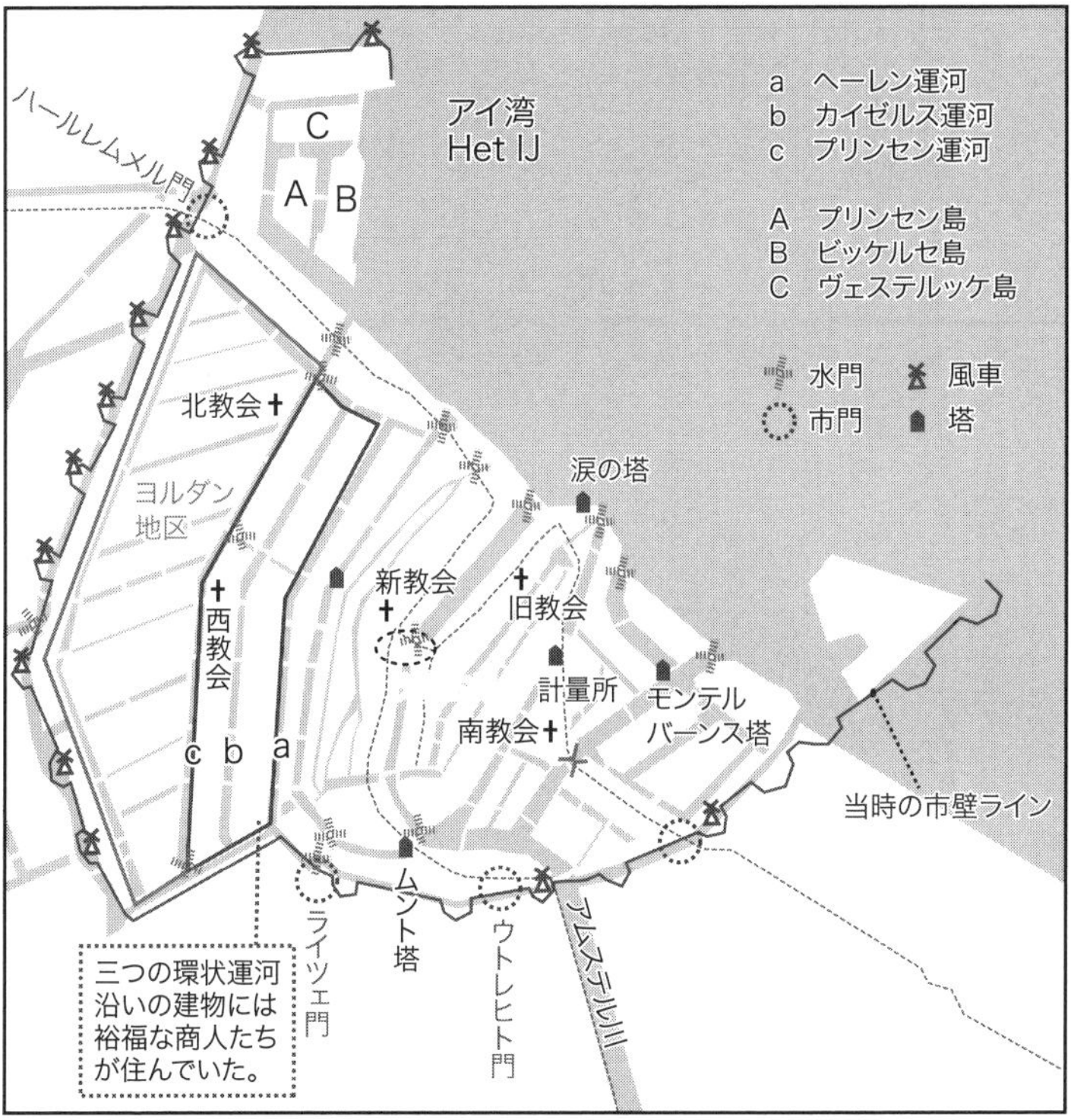

上　図1-38　1650年ごろのアムステルダム

左　図1-39　海から見た1618年当時のアムステルダム

図１－40　ナールデン

図１－41　かつての城壁部分は緑の憩いの場へ

図１－42　要塞都市の濠は写真作品の展示場所としても利用されている

市の中心であるダムが水（アイ湾）に近いところに位置していたため、円状の都市にはならず扇状の都市ができ上がった。

オランダ国内には、この円状都市理論を参考にして計画がすすめられた都市が他にもあり、その例としてライデン（Leiden）、ハールレム（Haarlem）、ウトレヒト（Utrecht）の三都市が挙げられる。これら三都市はアムステルダムが都市計画を行った時期と前後して環状型の拡張工事を行っており、一七世紀当時オランダで円状都市の考えが流行していたことがうかがえる。また、ナールデン（Naarden）やヴィ

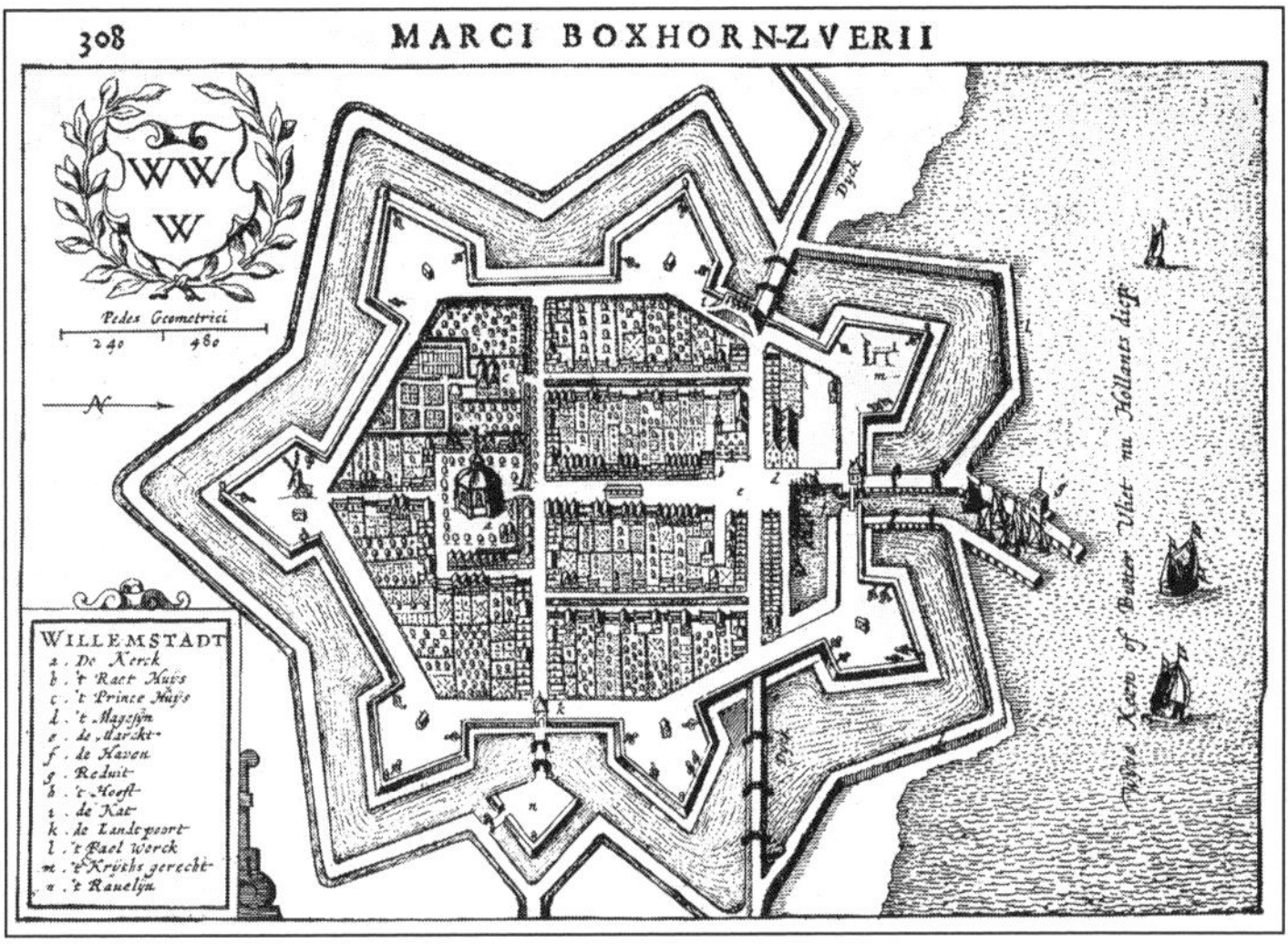

図１－43　ヴィレムスタット

レムスタット（Willemstad）など、強固な要塞都市もつくられるようになった。こうした外敵から守るための都市をつくるようになった背景の一つとして、当時フランスのローデヴェイク一四世が軍隊を伴ってアムステルダムがある方面へ攻めてきたことが挙げられる。

このように、ほぼ正確な扇状の都市をつくり上げることができたのは、航海術によって発達した地図作成のおかげにより正確な都市計画図を描くことができたからであろう。また、土地を造成する際は山や谷などが存在せず、地形に左右されなかったこと、そして自分たちで長い間土地をつくり続け、技術や知恵が初期のころよりも格段に増していたことにより、興味深い形をした都市をつくり上げることを可能にしたとも考えられる。

さて、アムステルダム市内に新しくつくられたウトレヒツェ通り（Utrechtsestraat）とライツェ通

上右　図1－44　ヴィレムスタットの城壁の内部
上左　図1－45　同　大砲を撃つ設備

右　図1－46　同　城壁部分

り（Leidsestraat）沿いの敷地の競売の様子を示したものが図1－47（一六六三年作成）である。この二つの通りは、一七世紀に行われた二期の拡張工事のうち二期目の市域拡張によって新しく設けられた市門（ウトレヒト門とライツェ門）へ通じており、各通りがウトレヒトとライデンへ続く主要な通りだった。両通り沿いの土地は新しい造成地の中で真っ先に売りに出された。図の両側に記載されている数字の列は、両通り沿いの敷地の価格を表しており、左はウトレヒツェ通り、右がライツェ通りのものである。ヘーレン運河とカイゼルス運河に近い敷地に高い値がつけられていたことが読み取れる。一方で同じ環状運河のうち最も外側のプリンセン運河沿いには安い値がつけられ

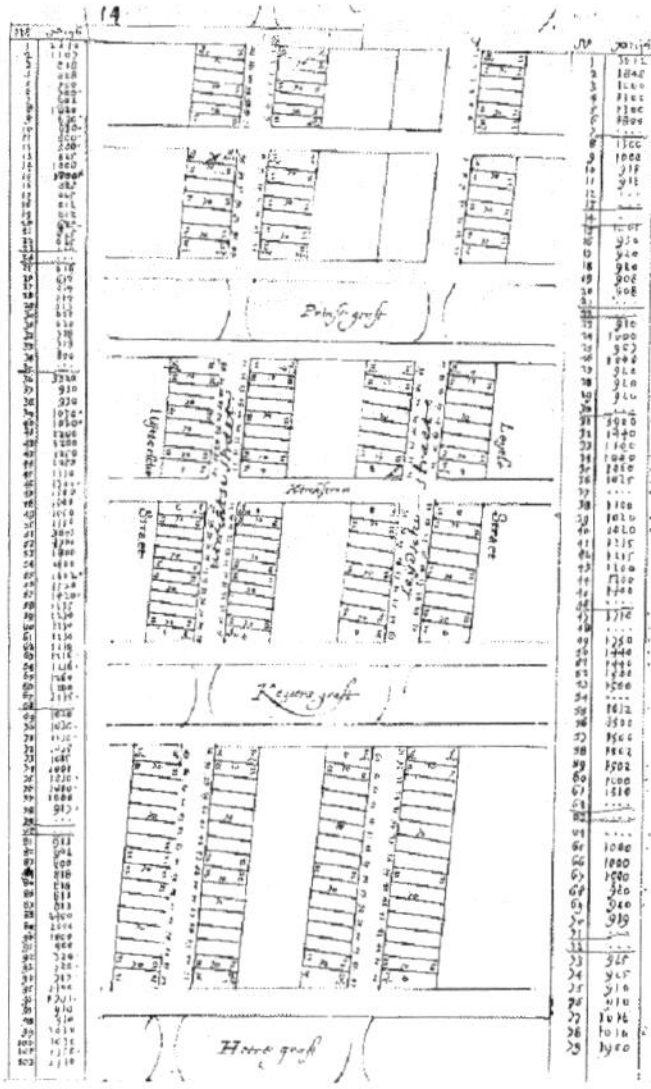

図1-47　ウトレヒツェ通りとライツェ通り沿いの土地の競売の様子

ており、プリンセン運河は三本の運河のうちで最も周辺の地価が低い運河だったことが読み取れる。

また、古地図上から確認する限り、アムステルダムの市壁沿いにあった各保塁に、風車が設置された。残念ながら現在は全て取り壊されてその姿を見ることはできないが、風車の動力を利用し排水が行われたほか、風車周辺は墓場として利用された。さらに、市壁のそばでロープの製造が行われた事から考えて、工業用としての役目も風車は担っていたのではないかと考えられる。

船乗りの行き交うエリア――ハイデン・レアエル地区

ここで一七世紀のアムステルダム市内の都市空間構成を見ていこう。

市内の工業地区は、ラスターヘ地区と市の西側につくられたアイ湾に面した地区（プリンセン島地区）に集中した。それに加え、ラスターヘ地区よりも北東部に新しく大きな島（埋立地）がつくられ、その場所には東インド会社のオフィスや東インド会社専用の工場、造船所、倉庫などがつくられ、その周辺に木材河岸や木材の市場が集まった。

古地図や文献から、一七世紀の木材河岸は五地域に集中していたと考えられる。ハウト（オランダ語で「木」を意味する）運河、ハウト通り、コルテハウト通りなど、通りや運河の名前にも木材関係を表す言葉が使われた。これら三つの通りはもともと運河だったが、近代になって水路が埋め立てられた後に改名され、一九八六年には市庁舎兼オペラハウスが建てられた。

オランダ西部は砂地ばかりで木材が育つ土壌ではなかったために主だった森がなく、木材は常に輸入された。木材の運び方は、ある程度製材され、角材で組んだいかだをライン河やマース河の流れに乗せてオランダ南部のドルドレヒト（Dordrecht）という都市まで運び、そこで取引された。一六〇〇年ごろまではドイツやベルギーから輸入されたナラ材が主に用いられた。というのは、造船の際に特にナラの曲げ材が大量に必要とされたからである。また、屋根材としてもナラ材が使用された。一六〇〇年以後はスカンジナビアやバルト海沿岸諸国から大量のマツ材（スカンジナビア産のマツ材はきめが粗い）が船で運ばれた。住宅を建てる際に地中に埋める杭用にはモミ材が使用され、モミ材はいかだにされてライン河やマース河の流れに乗せて運ばれた。* 木材河岸のそばには必ず造船のための空間があり、相互が非常に強い関係を持っていたことが分かる。

＊　スカンジナビア産のマツは「フールエン（オランダ語ではフレーネン）」と呼ばれ、またモミ材にはドイツ産とスカンジナビア産のものが使われていたが、ドイツ産は「タネ（tanne）」、スカンジナビア産は「グラーネン（granen）」と呼ばれた。

もう少し詳しく市内の様子を知る一例として、市の北西部にあるハールレムメル門周辺の地区を例に挙げる。この地区は「ハイデン・レアエル地区（de Guiden Reael wijk）」と呼ばれ（八〇頁・図1－52に示

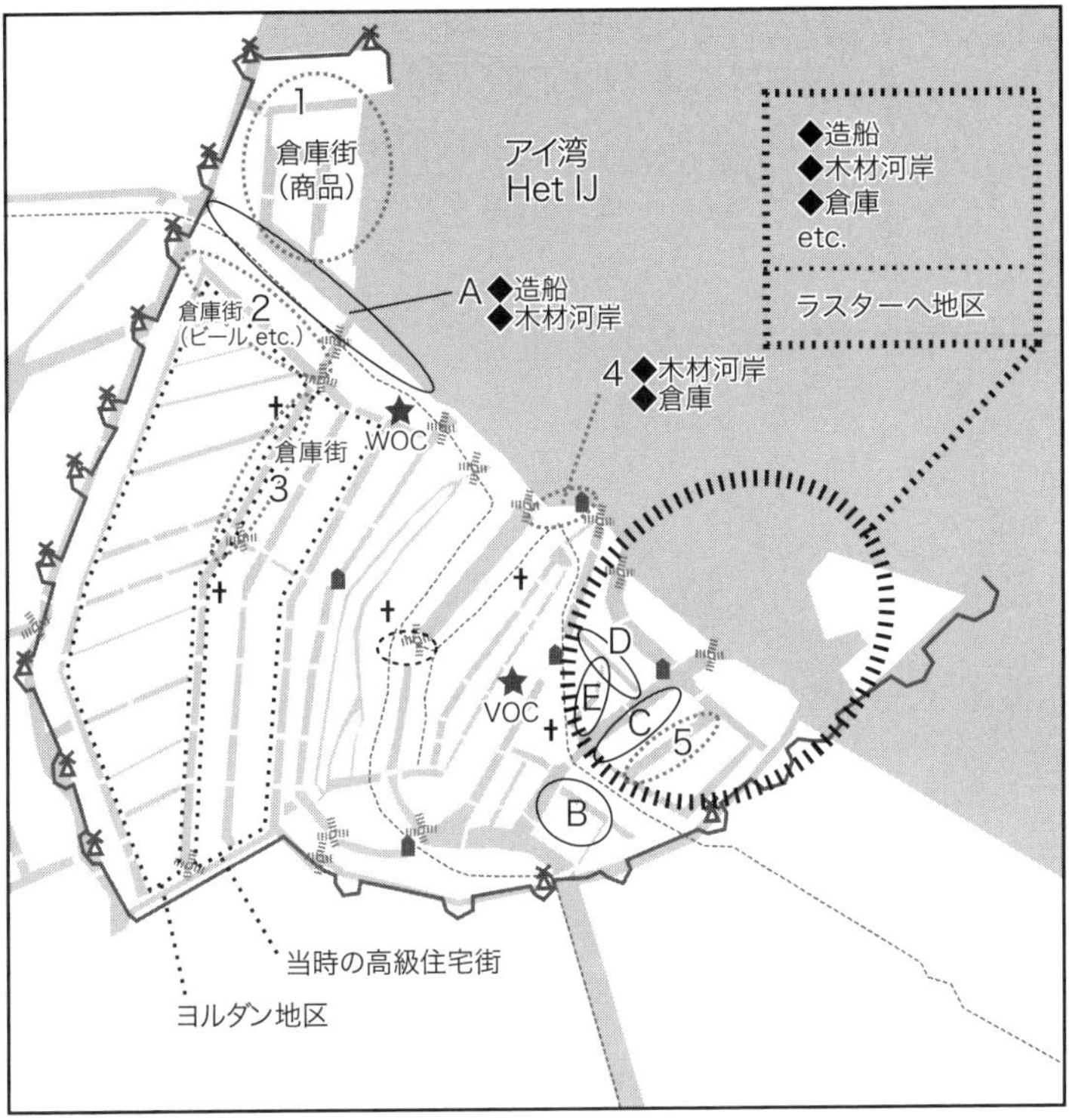

倉庫群
1　ヴェステルッケ島群
2　ブラウヴェルス運河
3　プリンセン運河
4　オウデザイスコルク
5　オウデハンス
　　アイレンブルフ
　　マルケン

木材河岸
A　ハールレムメル木材河岸
B　ヨーデン木材河岸
C　ハウトコーペルスブルフヴァル
D　レヒトボームスロート
E　クロムボームスロート

図1-48　1650年ごろのアムステルダムにおける産業立地図

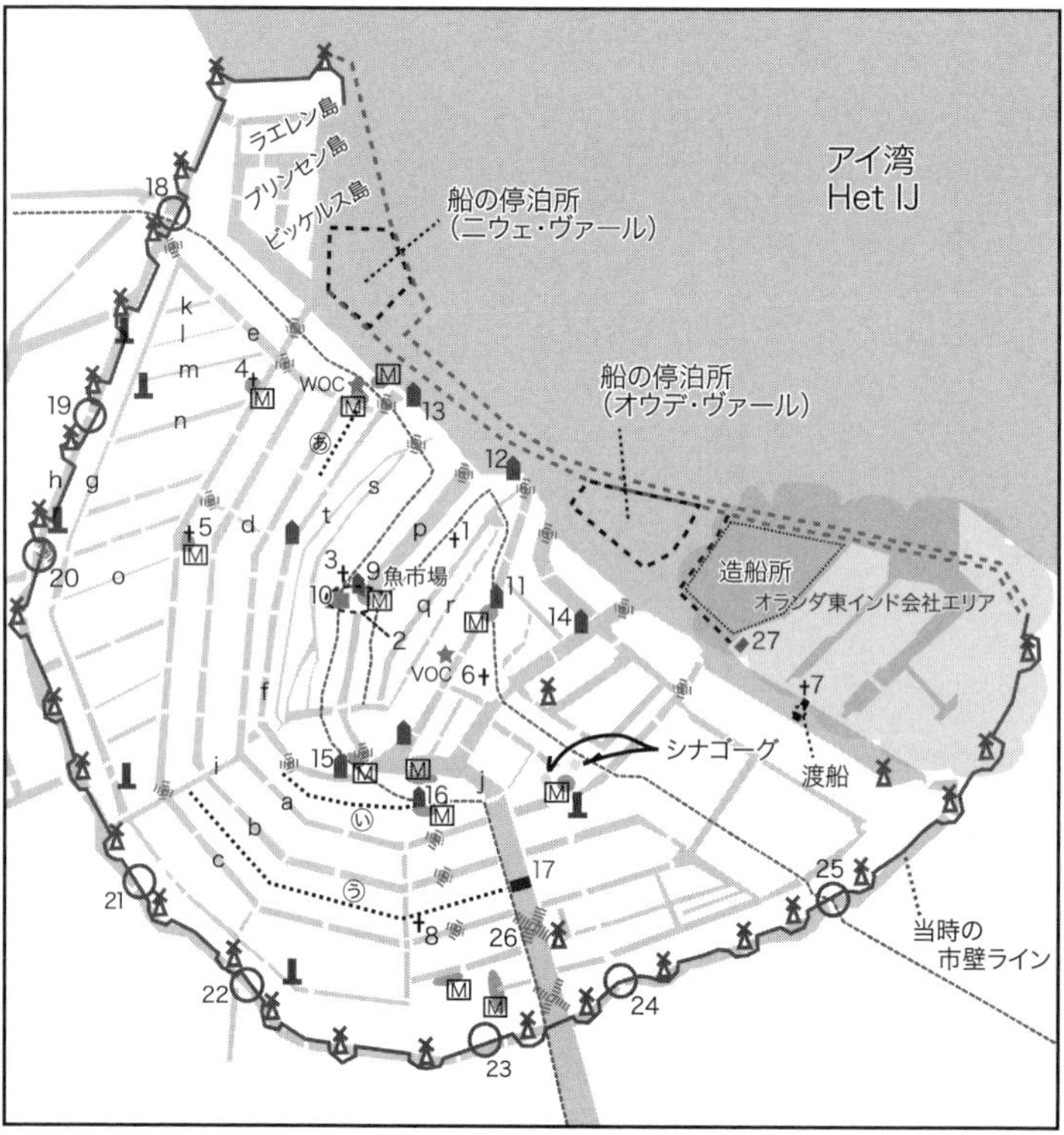

凡例　風車　塔　市場　水門　市門　墓場

1　旧教会
2　プラーツ
3　新教会
4　北教会
5　西教会
6　南教会
7　東教会
8　アムステル教会
9　計量所
10　市庁舎
11　計量所
12　涙の塔
13　ハーリングパッケルス塔
14　モンテルバーンス塔
15　ムント塔
16　計量所
17　マヘレ橋
18　ハールレムメル門
19　ソーイモーレンス門
20　ラーム門
21　ライツェ門
22　ヴェーテリングス門
23　ウトレヒト門
24　ヴェースペル門
25　マイデル門
26　アムステル水門
27　東インド会社倉庫

水路
a　ヘーレン運河
b　カイゼルス運河
c　プリンセン運河
d　レリー運河
e　ブラウヴェルス運河
f　シンゲル
g　ラインバーンス運河
h　シンゲル運河
i　ライツェ運河
j　アムステル川
k　パルム運河
l　ハウズブルーム運河（現在のヴィレム通り
m　リンデン運河
n　アニェリールス運河（現在のヴェステル通
o　ローゼン運河
p　ダムラック
q　オウデザイス・フォールブルフヴァル
r　オウデザイス・アハテルブルフヴァル
s　ニウェザイス・フォールブルフヴァル
t　ニウェザイス・アハテルブルフヴァル

コーチハウス（馬車庫）の多い通り
㋐　ランゲ通り
㋑　レフリールス通り
㋒　ケルク通り
★VOC　オランダ東インド会社のオフィス
★WOC　オランダ西インド会社のオフィス

右頁　図1-49　1725年ごろのアムステルダム

す）、ヨルダン地区とそれより北に位置する港湾地区との間にあった。地区そのものは一六一三年の都市拡張計画の際につくられたが、地区内を走る「ハールレムメルダイク」と呼ばれる通りはすでに一三世紀につくられていた。この通りは、当時のホラント伯の命令により実行された大規模プロジェクトの一部としてアイ湾に沿うように築かれた海の堤防（ゼイダイク）の一部をなす。この堤防通りがハールレムへ通じていたことから、「ハールレムメルダイク（ハールレムの堤防）」と名づけられた。

ハールレムメルダイクは、いろいろな活動の中心軸となって活気のある空間を生みだした。ハールレムメルダイク通り沿いには、小さな専門店（主に船関係）や、市内で製造された商品を扱う店、船乗りたちの気晴らしのための酒場、アムステルダムにやってきた旅行者のための宿泊施設が出現し、馬車業や木材の貯蔵場所も生まれた。ハイデン・レアエル地区はヨルダン地区に近いため、ヨルダン地区の住民にとっても重要なショッピングストリートだった。市外からやって来た農夫や猟師たちのなかには、

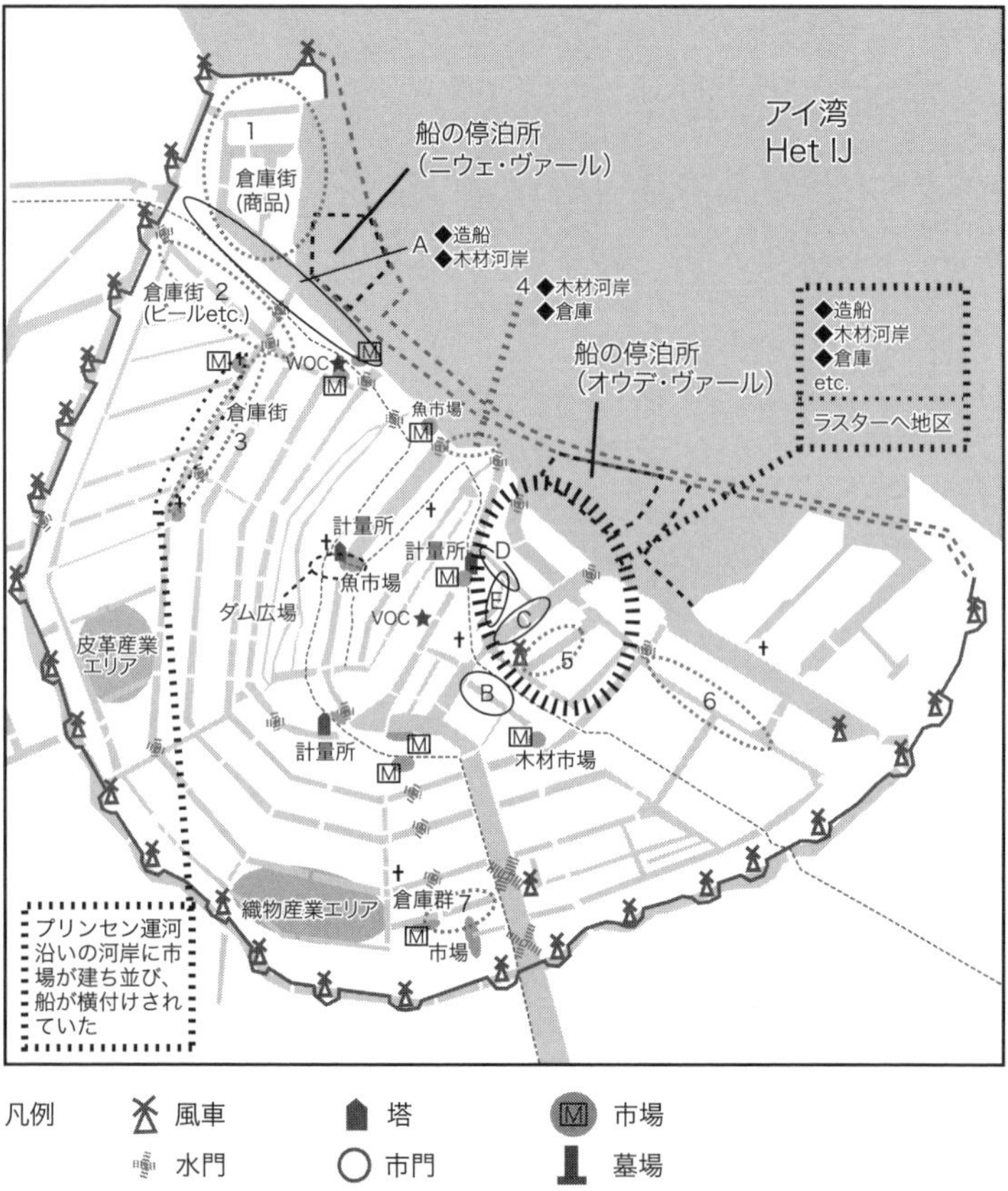
アイ湾
Het IJ
船の停泊所
（ニウェ・ヴァール）
1
倉庫街
(商品)
A ◆造船
◆木材河岸
4 ◆木材河岸
◆倉庫
◆造船
◆木材河岸
◆倉庫
etc.
ラスターヘ地区
船の停泊所
（オウデ・ヴァール）
倉庫街 2
(ビールetc.)
WOC
倉庫街
3
魚市場
計量所
計量所 D
魚市場
E
C
ダム広場
VOC
5
皮革産業
エリア
B
6
計量所
木材市場
倉庫群 7
織物産業エリア
市場
プリンセン運河
沿いの河岸に市
場が建ち並び、
船が横付けされ
ていた
凡例
風車
塔
市場
水門
市門
墓場

倉庫群
1　ヴェステルッケ島群
2　ブラウヴェルス運河
3　プリンセン運河
4　オウデザイスコルク
5　オウデハンス
　アイレンブルフ
　マルケン
6　エントレポットドック
7　アハテル運河

木材河岸
A　ハールレムメル木材河岸
B　ヨーデン木材河岸
C　ハウトコーペルスブルフヴ
D　レヒトボームスロート
E　クロムボームスロート

右頁　図1-50　1725年ごろのアムステルダムにおける産業立地図

市内に住む人たちに自分たちの品物をハールレムメルダイクで売る者がいた。

ハールレムメルダイクの裏手につくられたブラウヴェルス運河（Brouwersgracht）にはかつてビール醸造所が存在した。醸造所はきれいな水を必要とするため、都市のなかできれいな水をすぐに使えることができるアイ湾近くの場所に建てられた。製造されたビールはブラウヴェルス運河沿いの倉庫に蓄えられ、出航の際には船乗りたちの飲料水として船中に積まれた。ブラウヴェルス運河（醸造業者の運河）という名前は、ここから来ている。

船を停泊させるための場所は涙の塔の東部にもあったが、一六一三年にニウェ・ヴァール（Nieuwe Waal）という新しい停泊場所が市の西北部のビッケルス島やプリンセン島のすぐ東隣につくられた。これがハールレムメルダイクの近所であったため、ハールレムメル地区に人が集中するという性格がさらに強まった。

現在の通り沿いにも雑貨屋、レストラン、カフェ、パン屋、チーズ屋、洋服屋など、さまざまな店が建ち並び、買い物がこの通りだけで済むほどである。また、

図1-51　ブラウヴェルス運河沿いに建ち並ぶ倉庫

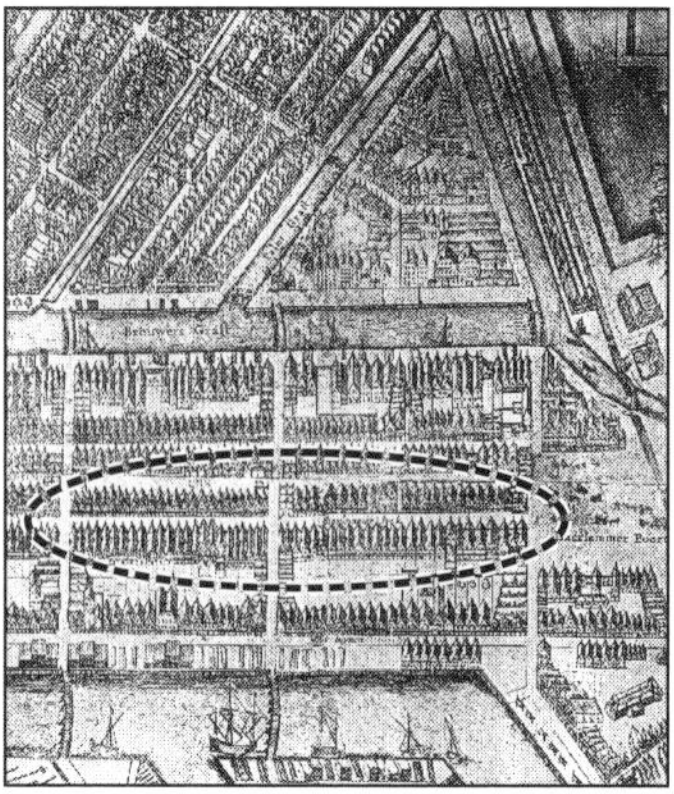

図1－52　古地図で見るハイデン・レアエル地区（点線内がハールレムメルダイク）

映画館、レストラン、カフェといった娯楽施設もあり、一日を通して人通りが非常に多い。

この地区が当時水運と結びついていた様子は、当時の建物の種類からも明らかになろう。倉庫、造船所、オフィス（仕事場）、住居、商店、宿泊所、宿（酒場を含む）などがあり、この地区で働いていた人たちは、たいていの場合はそこに住まいを持っていた。また、この地区は船長にとっても人気のある住居地域でさえあった。一方、旅行者や船乗りたちは、そこで一時的な宿泊場所を探した。当時の酒場は宿泊施設も兼ねており、その周辺では船乗りの勧誘をする、いわばスカウトマンのような人たちがいて、その勧誘に応じた者は酒場に付属する宿泊施設に滞在させられ、ひどい時にはそこから逃げ出せないようになっていた。

ブラウヴェルス運河沿いのビール醸造所は、その後倉庫街に取って代わり、アイ湾側には材木取引や木材加工のための空間が集結した。その空間は「ハウトタウネン（Houttuinen）」と呼ばれ、古地図で確認する限り、河岸にたくさんの木材が積まれた。ブラウヴェルス運河の倉庫の下層階には一六四八年から軍需品のメタルやその他の大きな戦争のための設備が納められた。その上階には市の穀物類が貯蔵されていた。

ハールレムメル門のそばからハールレム方面へつながるハールレムメル水路（Haarlemmertrekvaart）が

一六二三年に開通し、ハールレム方面へ向かう人たちのための馬力で引く定期船が運航を開始した。その周辺には多数の造船所（木場）や下請け企業が生まれた。

一九世紀になると、このあたりは非常に大きな変化を遂げる事となった。ハールレムメル門周辺の空地には建て込みがすすみ、木材の貯蔵場所であったハールレムメルハウトタウネン（Haarlemmerhouttuinen）は埋め立てられ、線路敷設のための盛り土が行われ、もはやかつての様子を目で見ることは難しい。線路が敷設される事によって、アイ湾や西北部の島々との間に壁が生まれ、水との関係が薄らいでしま

図1－53　現在のハールレムメル通り

図1－54　17世紀のハールレムメル門

図1－55　ハールレムメル水路の引船

った。これにより、この地域での港湾活動が衰えた。しかし、それに代わって、この地域には新しい集合住宅コンプレックスの建て替え計画・建設が進められ、住居地域へと変わった。

相次いで建設された倉庫街と倉庫の空間構成

アムステルダムでは、およそ一六〇〇年まで、商人たちは自らの商品を家のロフト（屋根裏部屋）に納めることが一般的だった。しかし、貿易の拡大に伴いさらなる収納空間が必要となり、一単位としての倉庫に対するニーズが高まった。一七世紀の初めには倉庫は至る所で建てられた。倉庫建築は、アムステルダムの交易都市としての性格を裏づけるという点で特徴的であるため、ここで紹介したいと思う。

図1-56　プリンセン島の倉庫

倉庫のほとんどが運河沿いに建てられた。運河沿いに建てられた理由は簡単で、船を使って市内の運河を行き交い、荷物を運んだからである。当時の市内の運行システムは、アムステル川の河口あたりに停泊していた大きな帆船から、それよりも小さな帆船（平底船）に荷物が積み降ろされた後、市内の運河を巡って各倉庫へ荷物を届けるというものだった。ちなみに、一七世紀につくられた三本の環状運河（ヘーレン運河／カイゼルス運河／プリンセン運河）のうち、最も倉庫が多かったのは、最も外側に位置するプリンセン運河だった。その当時、ヘーレン運河沿いは住宅がほとんどを占めていたのに対し、カイゼルス運河の場合は住宅と倉庫の割合が五対五、プリンセン運河については倉庫が運河沿いのほとんどを占めていた。プリンセン運河の西側にあるヨルダン地区には商工業者や労働者たちが住み、またプリンセン運河のヨルダン地区側の水辺には北教会の前から南方へ露店の列が並び、活気に満ちていた。つまり、三本の環状運河のうちで最も物流の激しい、裏方的な性格の強い運河だったこともあり、他の二つの運河よりも倉庫群が多くつくられたと考えられる。

図1-57　運河沿いに建ち並ぶ倉庫

図1-58　荷物を引き揚げる様子

倉庫は高層で、間口が狭く、奥行が深いものだった。四〇メートルという非常に長い奥行を持った倉庫も時々つくられたが、平均的な奥行は三〇メートルで、これは当時建てられた商人たちの住宅の

図1－59　当時使われていた海軍の倉庫（現在は海洋博物館）

奥行（二八・三メートル＝一〇〇フィート／アムステルダムにおける一フィートは二八・三センチ）とほぼ同じである。一般的な倉庫の間口は五〜八メートル（運河沿いの住宅と同じ）であり、連続して建てられる場合は運河に沿って側壁を共有しあった。中には倍の幅を持った倉庫（間口はおよそ一五メートル）も建設されたが、その数は少なかった。倉庫の各階の天井高は、床から梁の下部までが二・二メートルであり、あまり高くない。これは、商品を多く納めるために可能な限りのスペースを確保するためだった。

倉庫のファサードはボトルのような形をしているのが特徴である。切妻部分の形（オランダでは「ゲーブル（gable）」と呼んでいる）は「水差し型のゲーブル（funnel-shaped gable）」と呼ばれる。各建物につき、基本的には一つのゲーブルがつけられた。キングサイズのゲーブルを持つ倉庫は、東インド会社、もしくは市の機関、または大きな多国籍の会社・団体によって所有されていることがほとんどだった。

好例は、現在は海洋博物館として利用されているもの（Lands Zeemagazijn）で、一六五六～五七年に建てられた。当時は海軍の貯え（武器など）を収める目的で建てられた（図1－59）。

また、大きな開口が各階の中央部分につくられているのも倉庫の特徴である。これら二つの特徴を頭に入れて町を歩けば、今でも倉庫だと判別できる。後述するが、かつて倉庫として使われた建築物は、現在では主に集合住宅として転用されるケースが多い。奥行三〇メートルの倉庫建築の前後に開口部のみが設けられ、光がほとんど入らないようにつくられたのは、商品を長持ちさせるためという点から考えて、日の入らない薄暗い空間が必要とされたからだろう。

ボトルの注ぎ口にあたる部分にはホイストビーム（hoist beam）と呼ばれる装置がつけられた（図1－60）。当時の倉庫に標準的に装備され、屋根裏階に「タックリング・ギア（tackling gear）」という大きな滑車を備えつけることで、重い荷物でも上階へ引っ張り上げ、各階にある荷物の出し入れをすることができた。取り扱い方は、屋根裏階にあるタックリング・ギアにロープを巻き、ロープの先につけたカギ針のようなものに荷物を引っ掛け、ロープを巻き上げる。そして各階の中央部分にある大きな窓を通じて商品を出し入れした。この設備を用いることによって上層階へと比較的簡単に商品を引き上げて運ぶことができ

図1－60　ホイストビーム

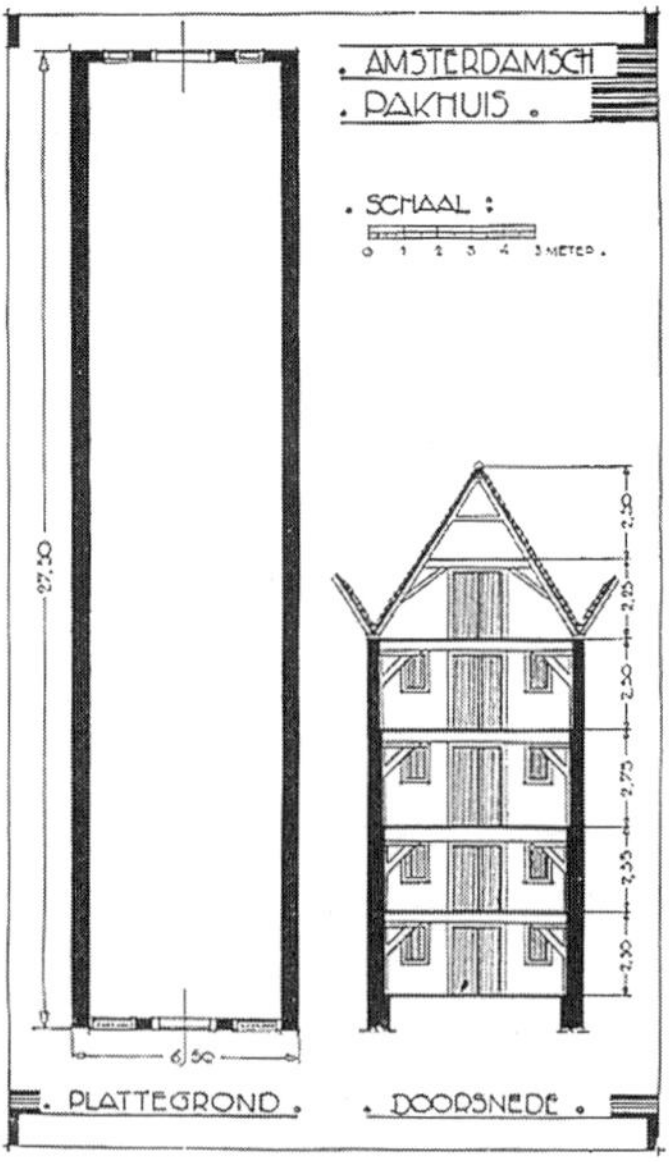

図1－61　一般的な倉庫の平面と断面

たため、ホイストビームはアムステルダム市内の建築が高層化していく上で欠くことのできない装置だった。倉庫に限らず、市の中心に建つほとんどの建築上部にはホイストビームがつけられた。この滑車の技術は現在まで引き継がれており、多くの倉庫ではこの伝統的なタックリング・ギアに基づいた最新の技術が導入されているそうだ。

物の収納空間から人の住む空間へ――倉庫の改修

二〇世紀になって港湾関係の施設が市外へ移ったことにより、市内の倉庫建築をどうするか、という議論がなされた。一般的な住宅と違って中庭のない奥行き二〇メートル（時に四〇メートル）の空間であること、天井高が床から天井梁まで二・二メートルと低いこと、正面のファサードの壁には比較的小さな開口部のみが取られていること、などといった倉庫建築の特徴から考えて、住宅に転用するには不適当と判断されたが、その問題を以下のようにクリアすることによって集合住宅、スタジオ、ギャラリー、オフィスなどへの転換をはかり、倉庫建築は幸運にも生き続けることとなった。

一つ目は内部に中庭をつくることである。上述したように、倉庫は中庭のない建築であるため、倉庫の構造体の一部を壊して中庭を設け、そこに面する部分にガラスをはめ込むことによって内部へ光や空気を取り込むことにした。

二つ目は二層分を一層分へ変えることである。天井高が低いため、構造体の一部を取り払って一層分の空間に変え、内部へより多くの光が入るように工夫した。

四〇メートルの奥行きを持つ倉庫に関しては、一部を取り壊して二〇メートルの倉庫と同様の修復を

図1-62　エントレポットドックの倉庫

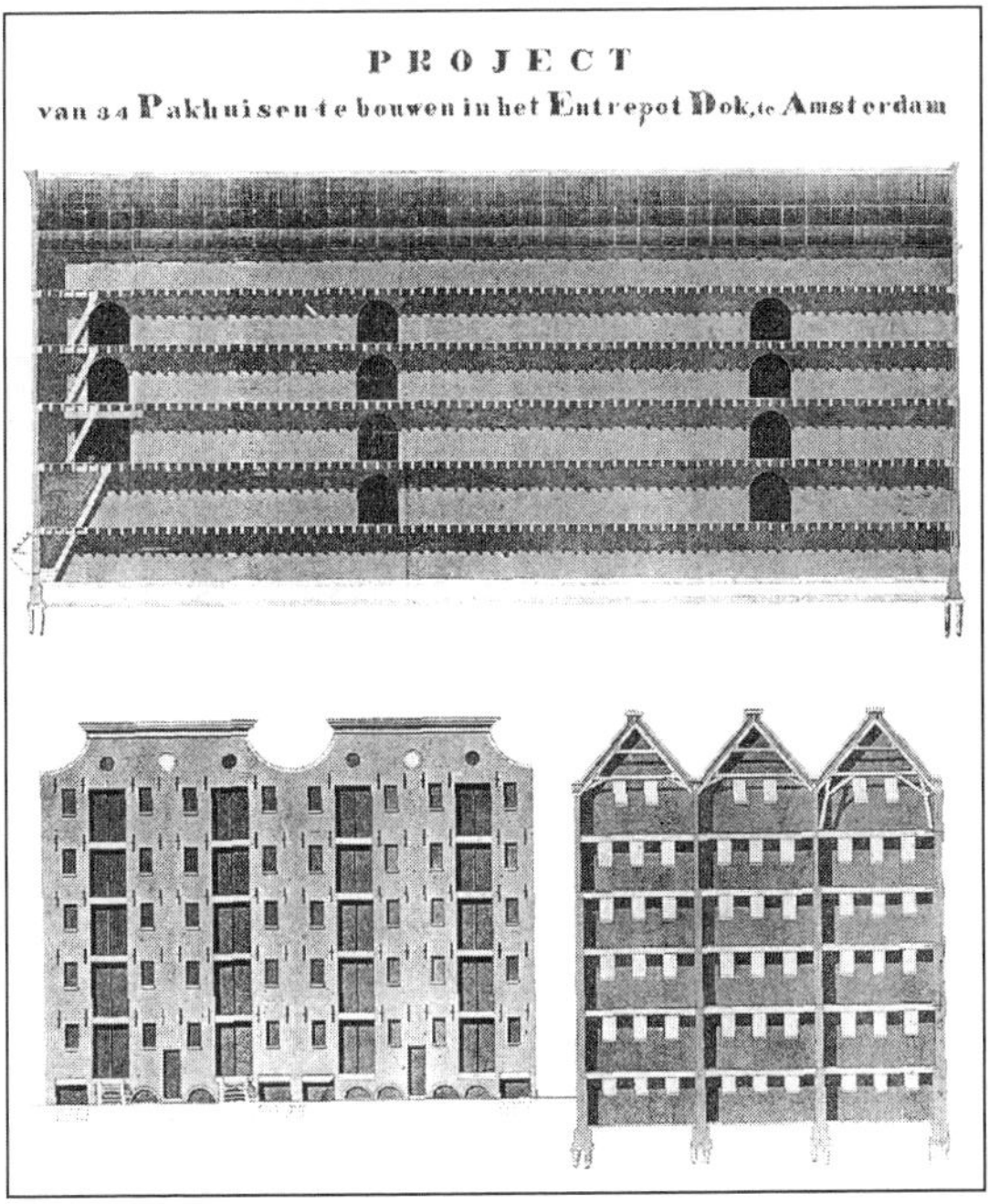

図1-63　エントレポッドドックに建てられた倉庫（上：長手方向の断面図，下右：間口方向の断面図，下左：立面図）

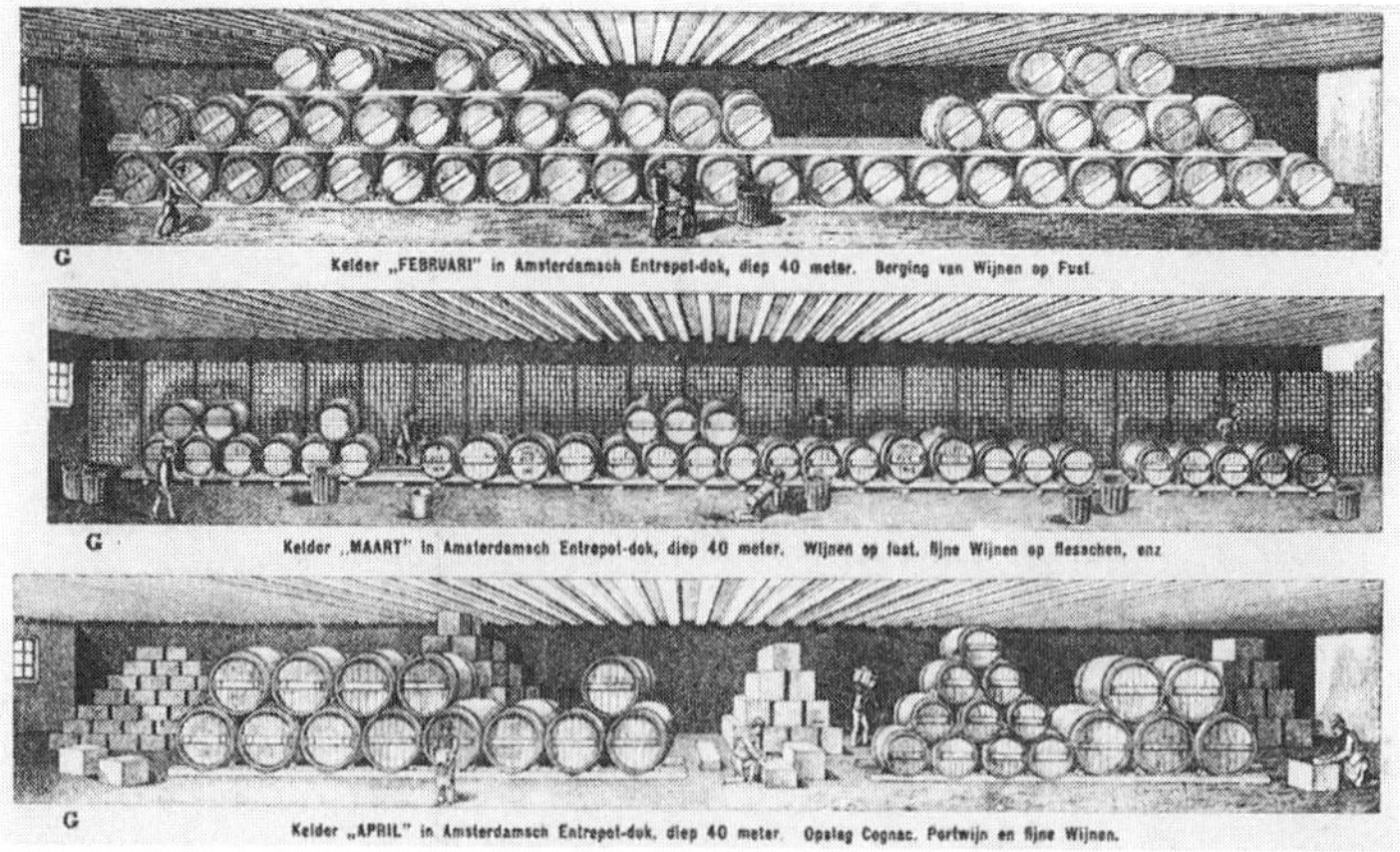

図1-64　エントレポットドックの倉庫

図1-65　倉庫内の様子（1910年）．スパイスが貯蔵されていた

施した。

当時の人々の選択は正解だったといって過言ではないだろう。倉庫の姿をしたアパートメントはアムステルダムの人たちに歓迎され、今となっては人気の高い物件で

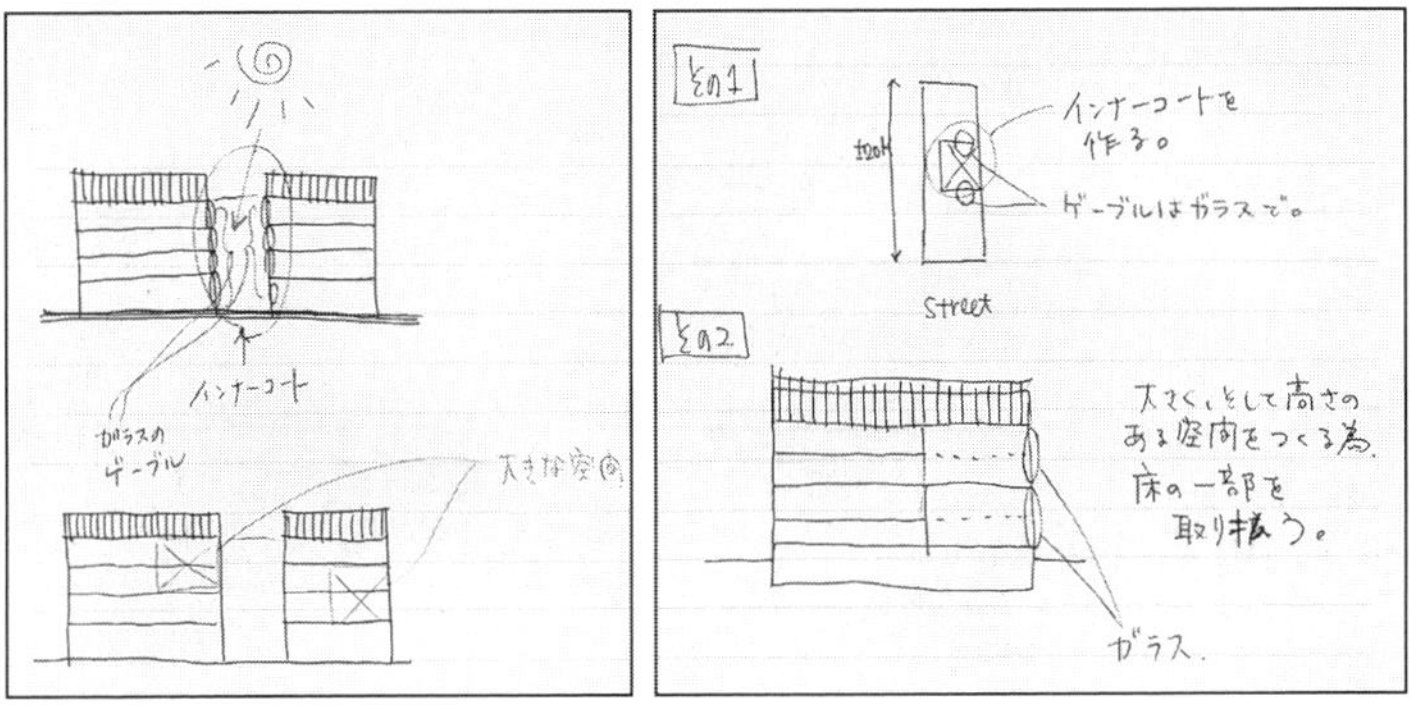

図1-66　倉庫の改修時に生み出されたアイディア

あるというのだから。古いものを生かして新しい命を吹き込ませた成功例である。

5　絶頂期のあと

一七世紀に商業都市として大躍進を遂げたアムステルダムの居住人口は、一七〇〇年に二一万人に達してヨーロッパ第四の都市となった。しかし、その一方で諸外国との海外貿易の競合による貧困や失業の増加問題も浮上した。また、一七六三年には外国債の急激な投機により、株式市場が混乱した。

一六四八年にスペインとの戦争が終わってオランダは完全に独立国となったが、一六五二年の第一次英蘭戦争を皮切りに、一六七二年までにイギリスとの戦争が三回起こった。このイギリスとの海上戦は厳しいものだったため、戦争によりオランダの国力が大きく削がれてしまった。結局オランダはイギリスとの戦いに敗れ、当時所有していた植民地の多くをイギリスに奪われた。たとえば、当時「ニューアムステルダム」と呼ばれていたアメリカ大

図1－67　現在のアムステルダム中央駅周辺の様子（右側から，アムステルダム旧市街，アムステルダム中央駅，アイ川）

陸東部の町は、「ニューヨーク」と名前を変えてイギリスの領地となった。

一方国内は、一八一〇年にフランスに併合され、ナポレオンの弟であるルイ・ナポレオンがオランダ国王に任じられた。ルイはアムステルダムのダム広場にある豪華な市庁舎を自身の住まいとして使用し、それはのちに王宮と呼ばれるようになった。ダム広場にあった計量所は、王宮の前にあって邪魔だという理由から不運にも解体されてしまった。併合から三年経った一八一三年、オランダはナポレオン支配に反抗して独立君主体制を立ち上げ、ナポレオン軍は大敗を喫し、オランダから撤退した。一八一四年に新政府がつくられ、今日のオランダとベルギーを含めた君主制のネーデルラント王国が誕生し、新憲法も制定された。翌年の一八一五年、名前を変えてオランダ王国が成立した。オランダ国王となったヴィレム一世は、市の財政復興のためにオランダ銀行を一八一五年に設立した。また、弱体化したオランダ経済を立て直すため、一八一九年に既存の為替銀行が閉鎖された。

図1-68　現在の王宮と新教会

復興するアムステルダム

フランス統治時代からの不況を引きずり、一九世紀のアムステルダムは経済的には停滞期を迎えていた。人口も一七二四年に二二万人だったのが、オランダ王国成立時の一八一五年には一八万人に減少した。そのような状況のなか、産業革命の影響を受けた。これは一八一三年に即位したヴィレム一世によるところが大きかった。彼はイギリスで育ち、産業革命の時期を目の当たりにしていたため、オランダ国王に即位後は道路、運河、港湾施設の整備を第一の目標として掲げ、近代化に力を尽くした。一八三〇年には、アムステルダムで最初の蒸気機関による製糖工場がカイゼルス運河沿いで操業を開始した。一八三九年にはオランダ国内で初の鉄道がアムステルダム〜ハールレム間（一九キロ）を走り、また一八八九年に建築家カイペルス（P. J. H. Cuypers）設計によるアムステルダム中央駅が、アムステル川の河口に造成された島上に完成した。一八五一年には民間の水道会社が設立され、沿岸の砂丘地域からの飲料水供給が開始された。

水運関係では、二つの大きな運河が完成した。まず、アルクマール（Aalkmar）やデン・ヘルデル（Den Helder）を通る北オランダ運

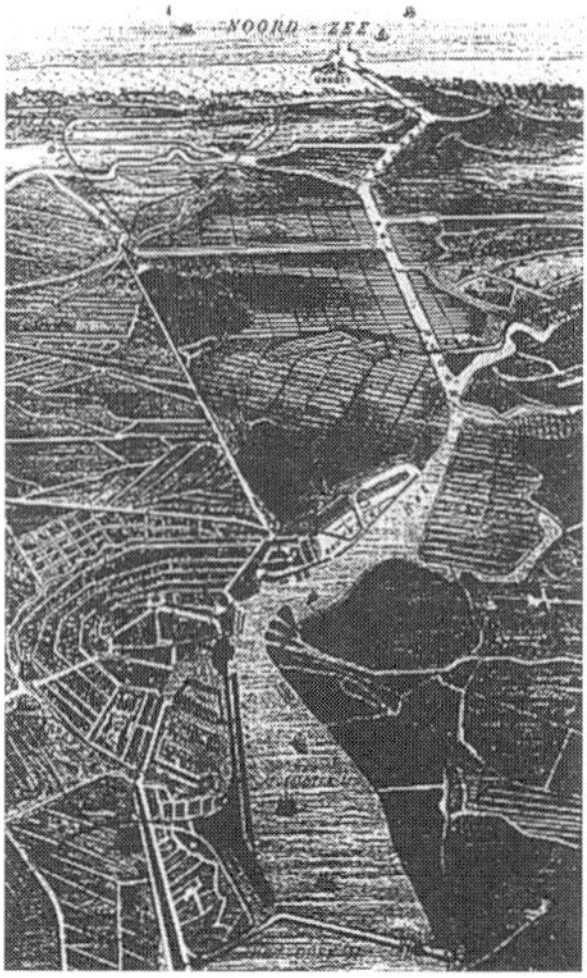

図1-69　北海運河
（アムステルダムから北海へ）

図1-70　現在の北海運河

河が一八一九〜三四年の工事の末完成した。続いて一八八三年に北海運河が完成した。この北海運河は大型の遠洋航行船がアムステルダムから直接北海へ行くことを可能にし、従来の舟運活動に大きな影響を与えた。北海運河が建設される前までは、大型遠洋航行船はザウデル海沿いの都市を転々としながら北海へ出る航路を取らなければならなかったのに対し、北海運河完成後は、その新しい運河を通ることによって大幅に時間を短縮することができた。結局、その影響はアムステルダムの港湾施設の立地にもおよび、市の西側（北海側）に港湾施設が多く集まるようになった。したがってオランダ連合東インド会社の施設も含む市の東側の港湾関係の施設は、東インド会社の解体も相まって、徐々に重要性を失っていった。

北海運河の完成により、そして通信機関の改善と工業化が進んだことにより、一九世紀の終わりから再びアムステルダムを中心とした北ヨーロッパの経済は持ち直し始めた。アムステルダムの人口は一八一五年時の減少から再び増え始め、一八七七年には三二万人に増えた。一九世紀から二〇世紀へ変わるころには、全体で五二万人というオランダ国内人口の四分の一が、アムステルダム、ロッテルダム、ウトレヒト、デン・ハーグといった主要都市に住むようになった。アムステルダム市内のインフラ設備も整い始め、一八九六年に市営の水道が敷設され、一八九八年には市営のガスが敷設された。そして、一九一〇年に市営のバスが運行を始めた。

一九〇三年に三代目となる新しい証券取引所*がダムラックを埋め立てた場所に完成したことにより、アムステルダムの経済活動が再び活発化する兆しが見られた。この新しい証券取引所は、当時最も勢いのあった建築家ベルラーヘ（Berlage）の設計によるものであり、近代的なデザインを身にまとった建築物だった。しかし、当時はこのデザインに対する市民の見方は冷ややかなものが多かった。現在は取引所としての役目を終え、内部空間が保存されてミュージアムとして一般に公開されている。

* 一代目の証券取引所はダム広場に面したロックイン（ダムを境にしてアムステル川の上流）の上に建てられたが、老朽化のため一八三七年に取り壊された。そして、一八四五年に二代目の証券取引所が建てられた。

オランダ国内の産業化は引き続いてなされ、それによって都市内には産業集中と労働者住宅がもたらされることとなった。一方、都市は建築物と市民が不健全に集積するという経験に富む場所であると考えられ、さまざまな地域から改善のための提案が出された。

イギリスでは、一九〇〇年ごろ、イギリス人のエベネザー・ハワード（Ebenezer Howard）によって田園都市運動が始まった。この運動は、公共の公園や田園をより多く配置することによって工業都市の人口密度増と不健康な状況を改善することを主な目的としていた。このコンセプトは、グリーンベルトによって構成された同心円状の都市である。

図 1-71　ヴィレムス門

図 1-72　かつての市壁が壊され，緑地に変わった

ハワードの「明日の都市（*Cities of Tomorrow*）」（一八九八年）と題された論文は、オランダに衝撃を与えた。その後、彼は一九〇二年に『明日の田園都市（*Garden Cities of To-morrow*）』を出版した。アムステルダムの外郭部には、イギリスのランドスケープ様式で計画された居住環境が誕生し、裕福な市民たちは都市から退き、豊かな環境を持つ田園都市に住むようになった。

このように、それまで市内を守ってきた市壁の外側へ都市が拡がり、市壁の役目が薄れた。市壁が取り壊された場所の一部は公園として使用された。市門もそれと同時に防御機能を失い、その後は税を徴収するための場所として使われていた。しかし、一八六六年に市税が廃止されたため、市門は最後の機能を失ってしまい、そのほとんどが取り壊される運命となった。そのなかで残っているものにハールレムメル門があるが、一八四〇年に新しく建て替えられた時に名前をヴィレムス門と改められた。そこでヴィレム二世の就任式が執り行われ、ヴィレムス門は凱旋門として使用された。

図1－73　ハウズブルーム運河（19世紀半ば）

舟運の衰退と運河の埋め立て

産業革命の影響を受けて徐々に経済が立ち直ってきたアムステルダムは、その経済活動において転換期を迎えていた。それは工業化による運河の汚染と、近代化による舟運の需要の減少だった。

工業化による運河の汚染が最もひどかった場所は、西部のヨルダン地区だった。もともと商工業者たちが多く集まっていた地区だったことと、人口増加による過密な居住環境に加えて、ヨルダン地区内の運河は地区ができた当初からあまり良い排水システムが配備されていなかったため、多くの運河がひどい悪臭を放っていた。ヨルダン地区の北部は特にひどく、地区北部から運河の埋め立て工事が進められた。一八五六年、ヨルダン地区内のハウズブルーム運河（Goudsbloemgracht）が市内で初めて埋め立てられ、「ヴィレム通り

図1－74　ローゼン運河（1890年）

（Willemstraat）」と改名された。現在、この通りを歩いてみても、そこにかつて運河が走っていたとは思えないほど、道幅が狭い。実際、運河が埋め立てられる以前の様子を表した版画や写真を見てみると、それは運河というよりも小さな水路に近いものだったことが分かる。

市内における舟運の必要性が低くなる一方で、陸上交通の需要が高まった。それを受け、陸上交通を促進させるため、市内の運河の幾つかが埋め立てられた。一九世紀後半から、扇形の旧市街内の運河の埋め立てが集中的に行われ、一九六八年までに市内を流れるおよそ二〇の運河が埋め立てられた。その埋め立ての様子を表したものが図1－80（一〇〇～一〇一頁）である。埋め立て後、通りによっては路面電車（トラム）が敷設された。また、アムステル川の河口にアムステルダム中央駅が建設されたことにより、船がダム広場まで行くこともできなくなった。これは、もはや運河をゆったりと行き交う船の時代ではないことを物語っていた。もちろん、北海運河ができて舟運の時代は続いていたが、市内においては鉄道による輸送も始まり、船よりもスピードが速いという点で着実に舟運は脅かされていった。

運河を埋め立てる際、拡幅工事が行われることもあった。運河と河岸を合わせた幅よりも拡げ、運河沿いの建物は後方へ立ち退かされるか、一階部分をアーケード状の歩行者用空間につくり変えることによって問題を解決した。

一階部分をアーケード状にして歩行空間を確保した例として、ダム広場とヨルダン地区周辺とを結ぶラードハイス通り（Raad-huisstraat）がある。通りの一部はかつてローゼン運河（Rozen-gracht）と呼ばれた水辺空間だったが、運河は埋め立てられて道路となった。また、シンゲルとヘーレン運河の間にもヴァルムス運河という流路の短い運河があったが、そこも埋め立てられた。ローゼン運河とヴァルムス運河を埋め立ててつくられた

図1-75　ラードハイス通り　1

図1-76　同　2

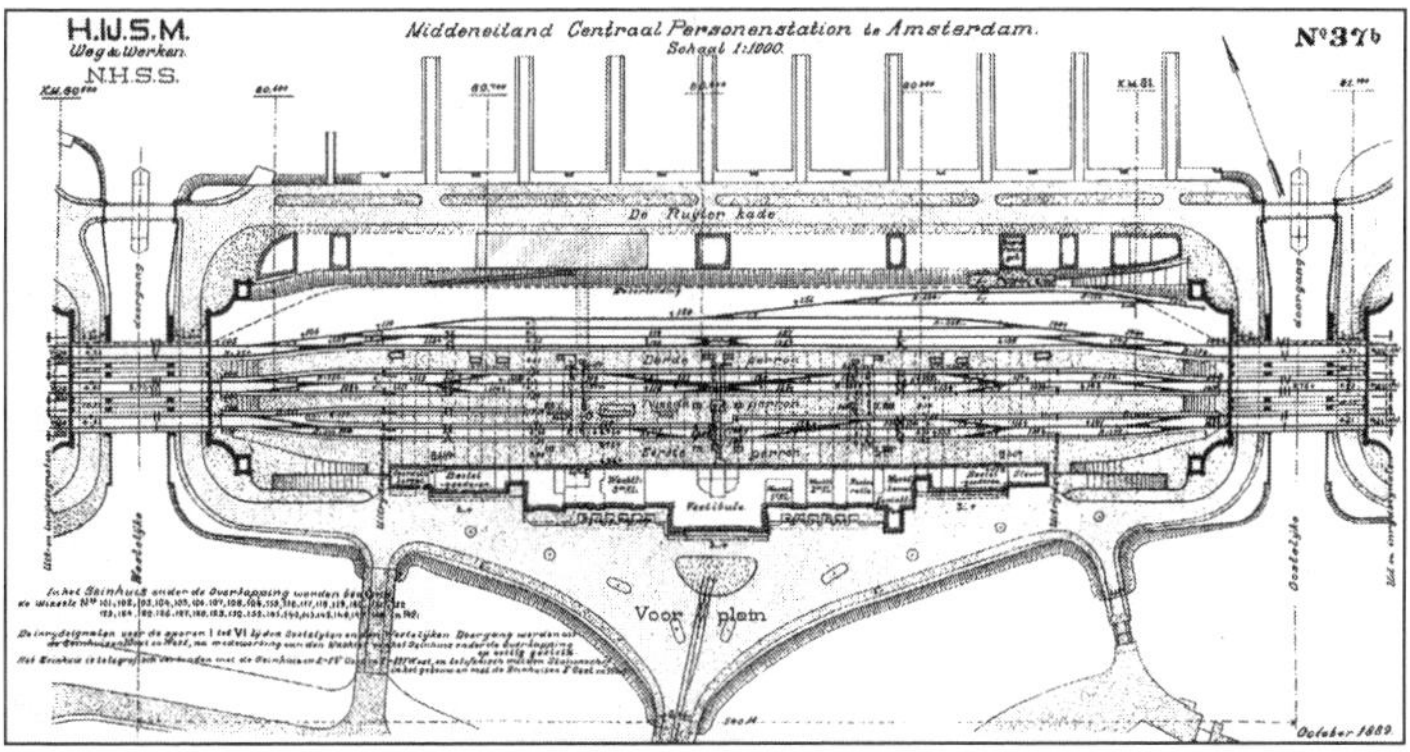

図1-77　アムステルダム中央駅の設計図

道路をさらに外側へ走らせるため、ヘーレン運河とカイゼルス運河の間の街区のなかを道路が走り抜けられるよう、非常に大胆な再開発工事が行われた。その結果、ラードハイス通りはダム広場からヨルダ

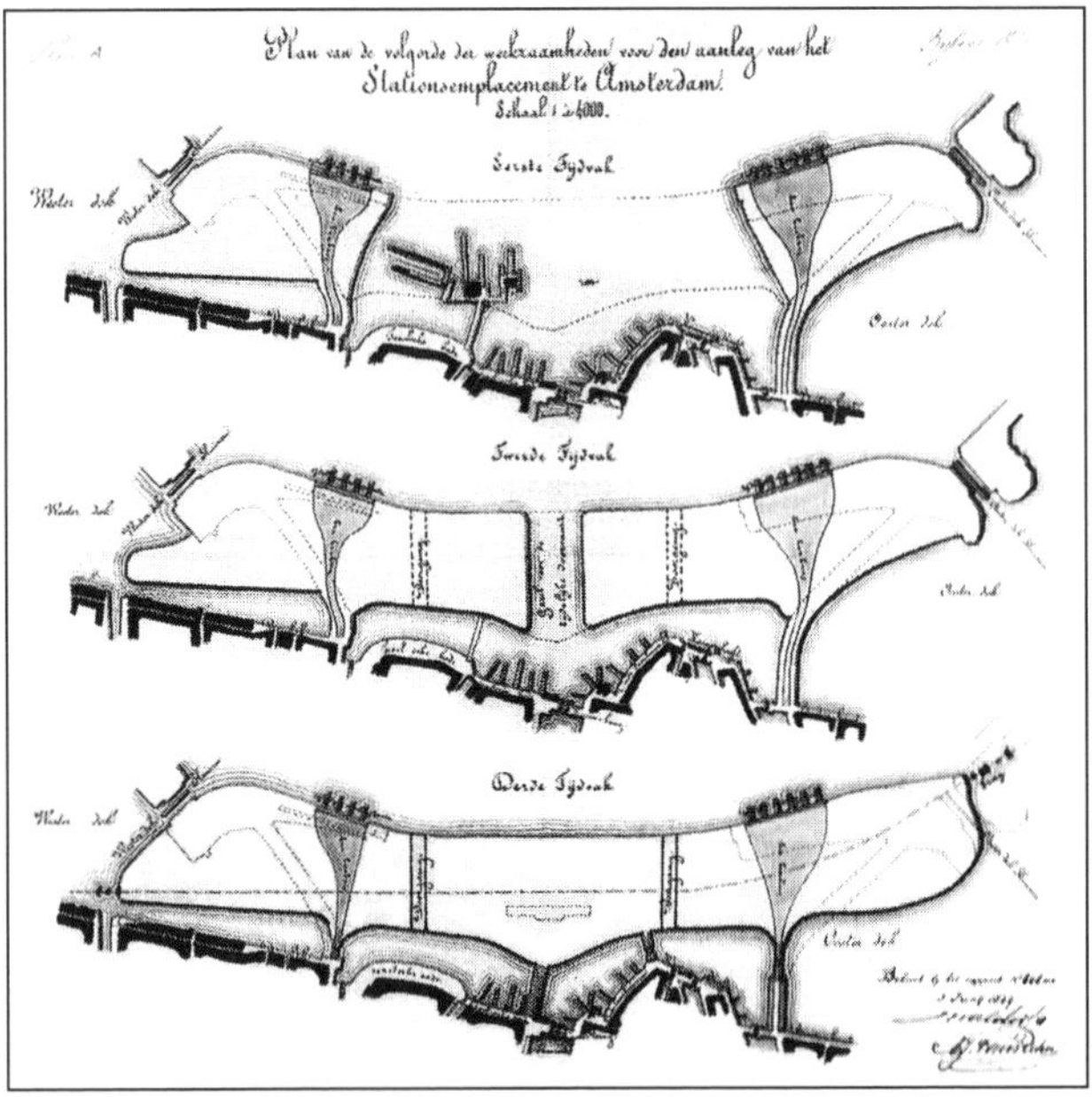

図1－78　アムステルダム中央駅の建つ土地の埋立計画書（1869年）

図1－79　アムステルダム中央駅が完成したときの様子

ン地区のほうへ繋がった。それまでダム広場から西教会、もしくはヨルダン地区へ行くには、運河を通って迂回するか、橋を幾つも渡って行くかしなければならず、不便であったが、ラードハイス通りが開通することによって、ダム広場とヨルダン地区が非常に近い存在となった。

国内外の建築運動

二〇世紀に入り、都市に関する哲学的考察が、デ・オプバウ De Opbouw（一九二〇）、ザ・アハト The 8（一九二七）、シアムCIAM（一九二八、the Congres International d'Architecture Moderne の略）のような様々な建築家グループによって活発になった。「機能的都市」というものが、機能の空間的分離を含みながら、CIAMにおける会議上で何回か議題に挙げられた。その目的は、都市内に光と空気と空間を創ることだった。開放的な低層住宅によって光の最大入射角がつくられ、自然光を取り入れることができるよう建物を配置することが理想とされた。

こうした考えを受け、アムステルダムではさらに細かい事柄が、一九三四年のアムステルダム市総合拡張プラン General Expansion Plan for Amsterdam（Algemeen Uitbreidingsplan Amsterdam / AUP）のなかでコル・ファン・エーステレン Cor van Eesteren によって発表された。第二次世界大戦後、オランダ各地でさまざまな大規模拡張計画が発表された。アムステルダムでは一九六四年に、ファン・デン・ブルックとバケマ（Van den Broek & Bakema）により、水上に新しい居住環境をつくり出す画期的な計画、『アムステルダムにおける二五万人のための拡張計画であるパンプス計画（Panpus Plan）』が発表された。

そんな中、産業革命後のオランダは水上交通よりも陸上交通が先行し、先に述べたとおり、運河が埋

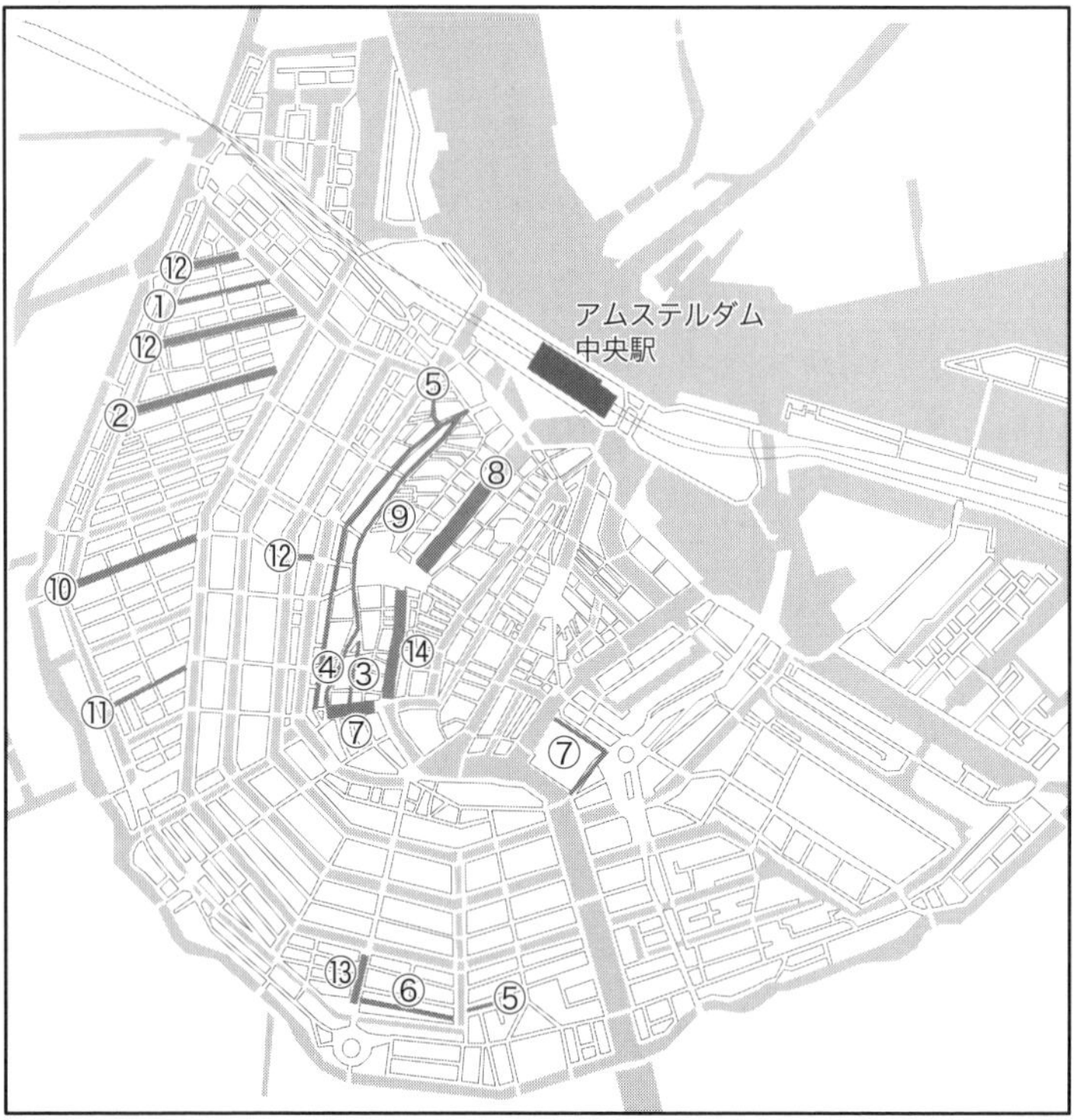

め立てられ、水辺受難の時期であった。しかし、アムステルダム市南東部に戦後に誕生した大規模高層集合住宅地区であるバイルメルメーア地区（Bijlmermeer）に代表される巨大ストラクチャーに対する批判が、一九六〇年代の終わりに高まった。それに対し、「小規模」や「ヒューマンスケール」といったことばが新しいキャッチワードになった。都市には村落のような落ち着きが求められ、蛇行する道路が採用されることによって車交通がゆっくりとなることが好ましいとされ、高層建築物が概して敬遠された。また、「ヴォンネルフ[*]」という空間が都市内で流行した。一九七〇年代以降になると、

年代	旧　名		改　名
1856	①ハウズブルーム運河	⇒	ヴィレム通り
1861	②アニェリールス運河	⇒	ヴェステル通り
1865	③ベヘインスロート	⇒	ヘデンプテ・ベヘイネスロ
1867	④ニウェザイス・アハテルブルフヴァル	⇒	スパイ通り
1870	⑤アハテル運河	⇒	ファルクス通り
	カッテンハット		
1872	⑥ニウェ・ローイエルスロート	⇒	フォッケ・シモンツ通り
1882	⑦ハウト運河	⇒	ヴァーテルロー広場
	レプロゼン運河	⇒	ヴァーテルロー広場
	スパイ	⇒	スパイ広場
1883	⑧ダムラック（一部）		
1884	⑨ニウェザイス・フォールブルフヴァル		
1889	⑩ローゼン運河		
1891	⑪エイランズ運河		
1895	⑫ヴァルムス運河	⇒	ラードハイス通り
	リンデン運河		
	パルム運河		
1934	⑬フェイゼル運河		
1936	⑭ロックイン（一部）		

右頁　図1-80　アムステルダム市中心部の埋め立てられた運河．新しい名前が空欄の部分は，旧名がそのまま使われている

都市再生への動きが見られるようになった。コンクリート砂漠とアスファルトジャングルと化した都市が住居に適さないということを、経験で知ることとなったのである。

こうした状況のなかで、水辺に住むことが流行となり、水辺空間の価値が見直されていった。水辺に新しい居住環境をつくり出すことが考えられ、陸上交通の先行によって見捨てられていた港湾地区が再び脚光を浴びることとなった。アムステルダムでも、一時期の活気を失っていた港湾地区の一部に対して再開発が行われ、新しい命が吹き

* オランダ語で「生活の庭」を意味する。人と車の共存を図る思想で設計された道路整備形態。一九七〇年代にデルフトで初めて導入されて以来、交通事故の抑制や排ガスなどの環境対策として世界各地で導入されている。街路を蛇行させたり、街路の一部分に起伏を設けたりすることにより、車のスピードを抑える工夫をし、歩行者の安全性を確保することを目的にした街路空間をいう。

込まれ、水辺が都市の活力を取り戻してきている。たとえば、ヤファ島（S・スーテルス、一九八九年〜）やボルネオ・スポーレンブルフ（West 8, 一九九四年〜）などの港湾地区である。

図1-81　現在のバイルメルメーア地区　1

図1-82　同　2

図1-83　ボルネオ・スポーレンブルフ地区

II

アムステルダムの都市住宅

アムステルダムに最初に登場した住宅は、一二〇〇年ごろの内部空間が一室のみで構成された木造住宅だった。その大きさは幅が三〜五メートル、奥行きが一〇メートルで、ティンバーフレームの技術（木のフレームのあいだを泥で満たす）が用いられたものがほとんどだった。

一三五〇年ごろから二層の住宅が登場するようになり、そこに一家族が住むのが一般的だった。しかし、人口が増加するにつれてそれよりも高層の住宅が徐々に建設されるようになり、一家族が一層目に住み、別の家族が二層目に住む、といったケースが見られるようになった。一方で三層を持つ住宅に一家族で住んでいる商人たちもいたが、それはごく稀なケースだった。時々最上階である三層目を倉庫として利用する者たちがいたが、ほとんどの場合はその倉庫空間を他の誰かに貸していた。

間口や奥行きの関係は町の骨格に頼ることが大きいが、住宅のほとんどは間口が狭く、奥行きが長いといった構造を持つ。アムステルダムにおける標準的な都市住宅の間口は一六フィート、もしくは二〇フィートで、およそ四・五〜五・六メートル（アムス

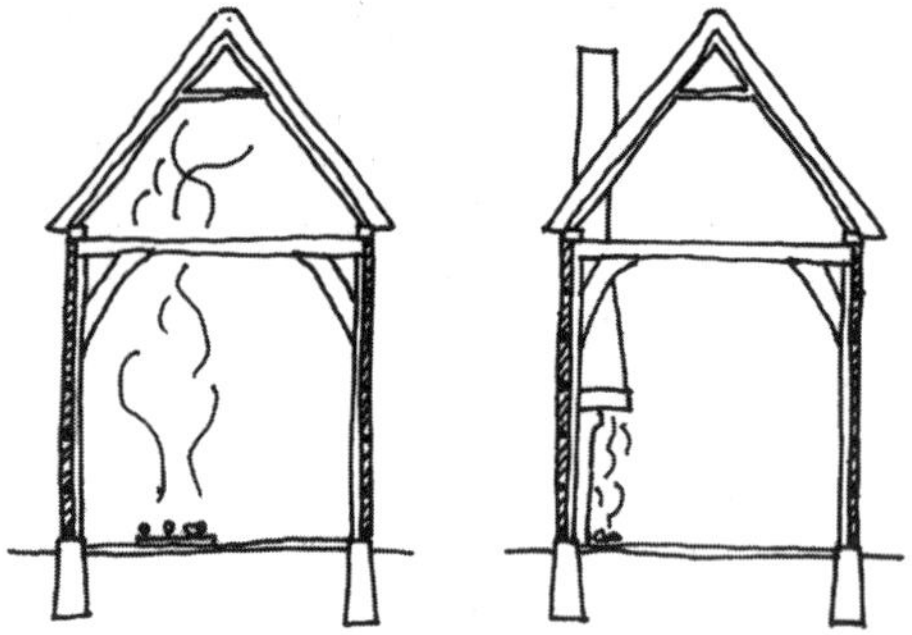

図2-1　初期の住宅

テルダム寸法で、一フィート＝二八・三センチ）だった。奥行きは標準的に一〇〜一二メートルだった。一街区内で上のような間口の寸法を用いて敷地割りが行われ、この敷地割りによる一区画分の土地はオランダ語で「パルセル（parcel）」と呼ばれた。市民はそのパルセルを購入して住宅を建てた。二つや三つ分のパルセルを購入することができたならば、間口幅の広い住宅を建てることが可能であり、裕福な市民は複数のパルセルを購入して大きな住宅を建てた。

1　基本的な特徴

住宅を支える杭

アムステルダムにおいて、住宅を建てる際に常に考慮すべきことは基礎である。もちろん、住宅のみならず全ての建築物を計画するときには基礎の計画を考える必要がある。

しかし、初期の木造住宅は基礎を持たなかったことと、地下水が地表面から一・五メートル下の位置を流れていたため、住宅が沈下する傾向が見られた。

構造部分にレンガが使用され、さらには建築物が高層化するようになると、基礎部分の計画はより重要な課題となった。結果として、地表面から一三〜二〇メートルの深さにある砂層に達する杭（オランダ語で「パイル（peil）」という）を無数に打ち込んだ後、建物の骨格を築いた。杭を打ち込む工事が人力によって行われていたころ、少なくとも四〇人の男たちが息を合わせるために歌をうたい、杭打ち機を

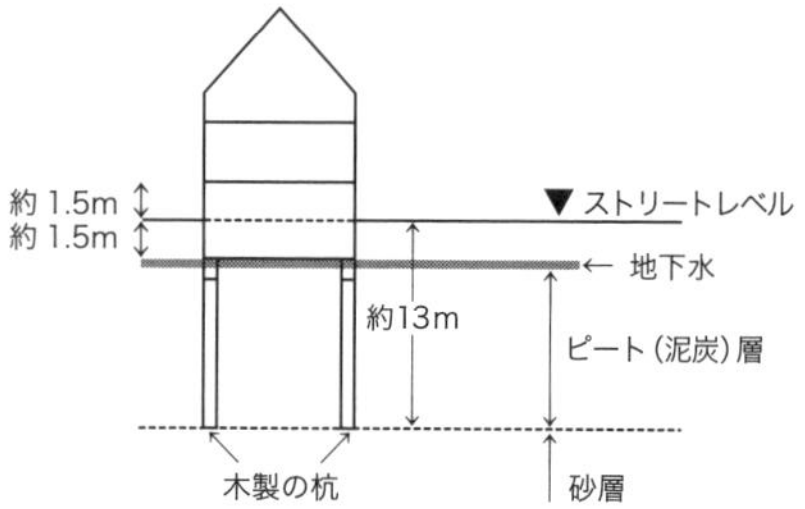

図 2-3　地下水との関係

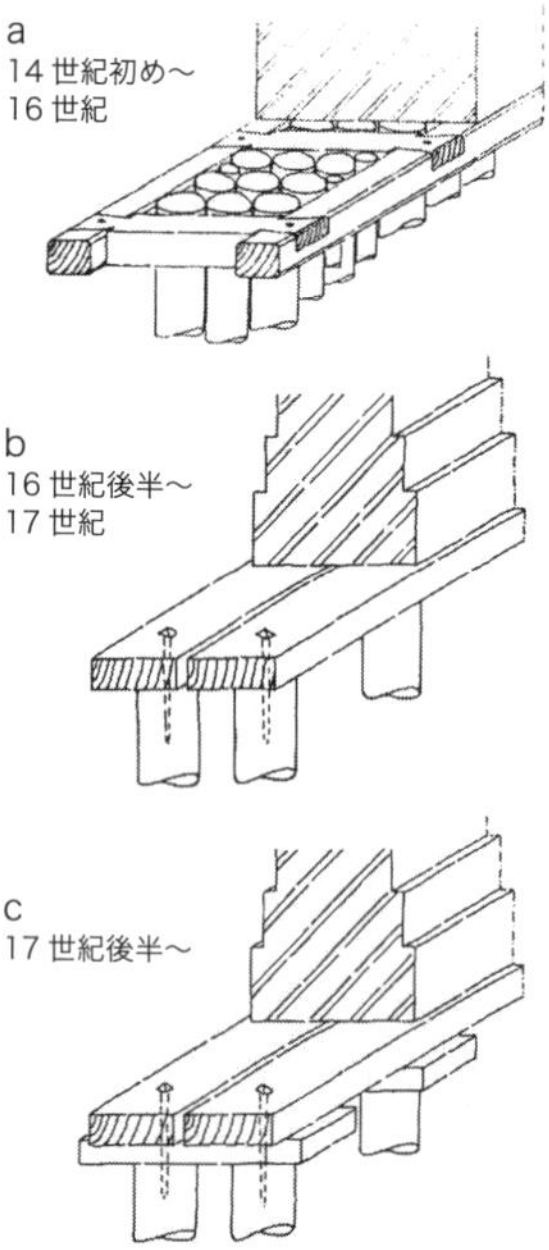

図 2-2　基礎の変遷

図 2-4　杭を打つ様子

操作した*。木製の杭が使われていた時、地下水よりも低い位置まで打ち込まれることにより、酸化による腐敗を防ぎ、杭の寿命をより長くさせた。

* 当時、男たちは次のような歌をうたいながら杭を打った。
'Een, twee, drie, / Haal op die hei, / Al in mei, / Al in de grond, / Daar staat ie pront, / Fris en gezond.'（オランダ語）
「一、二、三／槌を引き上げろ／もう五月だ／もう土の中だ／まっすぐ立ってるぞ／元気だ　健康だ」

地中に杭を打ち込む作業は、木からコンクリート製の杭になった現在も変わらず行われている。

木の基礎部の上に、レンガ職人によって頑強なレンガの基礎部がつくられ、そこには地表面から一・五メートル程度下に床面がある半地下階が設けられた。

レンガ積み職人による半地下階の構造体づくりが終了した後、大工が半地下室の天井部分を木材で仕上げた。梁をレンガの壁に固定させる木材としてマツが使用された。

さらに、レンガ積み職人が地上階の壁をつくり、大工が各階の天井部分を仕上げる、というレンガ積み職人と大工の連係プレーが一層ずつ行われた。最後に、木造トラス構造の屋根が載せられた。

傾斜する壁

住宅の表面と背面の仕上げは最後に行われた。ここにおいても、レンガ積み職人と大工による連係プレーが見られた。というのは、ドアや窓の位置を決める際に両者の共同作業が必要だったからだ。大工が窓枠をつくった後、レンガ積み職人が開口部以外の部分をレンガで埋めて、大工が窓やドアを取りつけた。

最上階が下層階よりも突き出るように壁面が前へ傾斜することは、アムステルダムの歴史的住宅の特徴の一つである。実際、両側に住宅が立ち並ぶ通りを歩いていると、上から住宅に覆われる感覚をもつ。なぜ、前面へ傾くようにつくられているかというと、雨水が壁面を流れることにより壁が濡れるのを防ぐためである。また、レンガとレンガの間に水に強い高品質の漆喰を使用することにより、防水効果が上げられた。

現在見られる歴史的住宅はレンガの壁面をもつが、一六〇〇年ごろまでは木造の壁面が一般的だった。しかし、一六六九年に木造建築の建設が禁止された後は、ファサードに木造の壁面を見ることはほとんどなくなった。

現在、ファサードに木造の壁面をもつ住宅建築は数軒残されており、その一例としてはベヘインホフ内にある建物（ベヘインホフ三四番地）とゼイダイク一番地がある。

図２－５　ベヘインホフ

図２－６,７　ベヘインホフ34番地

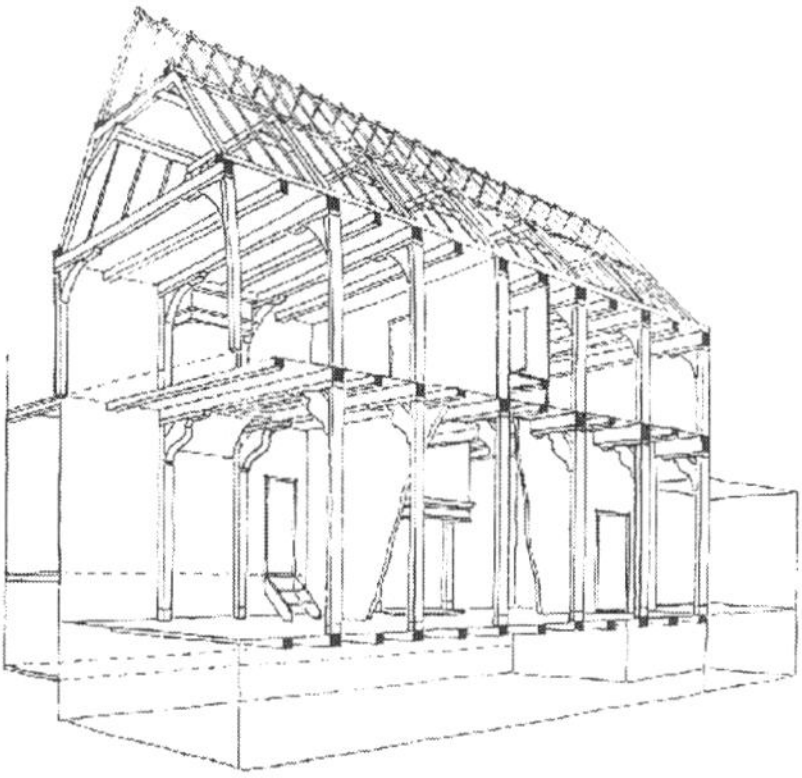

図2-9　木造ファサードをもつ家
(ゼイダイク1番地)

図2-8　木構造のしくみ

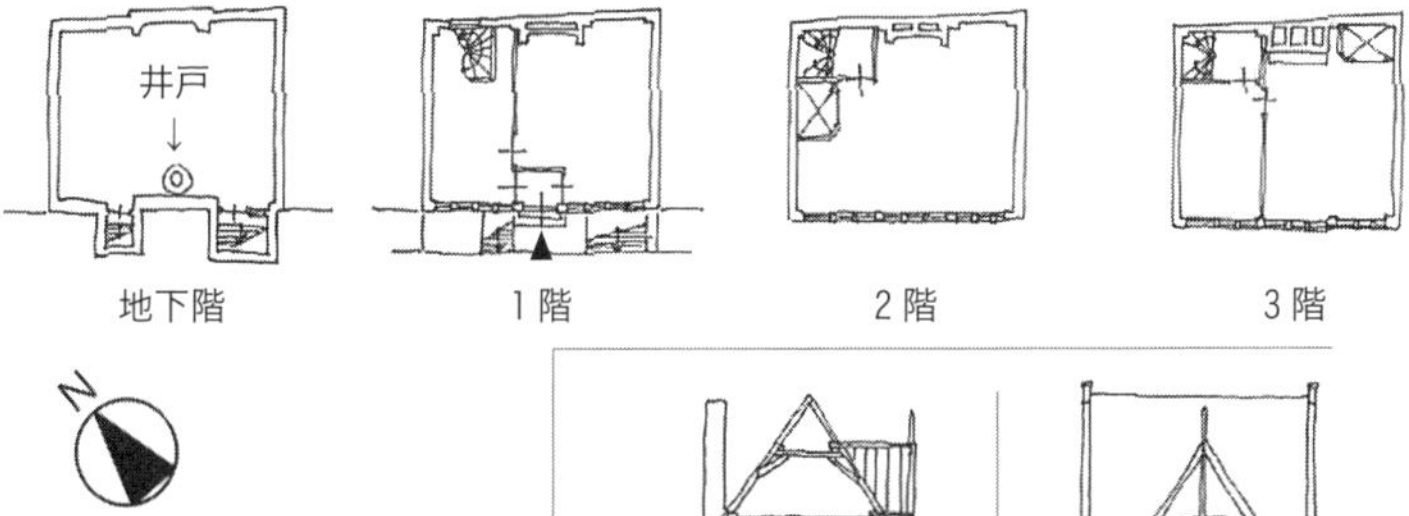

上　図2-10　ゼイダイク1番地
平面図

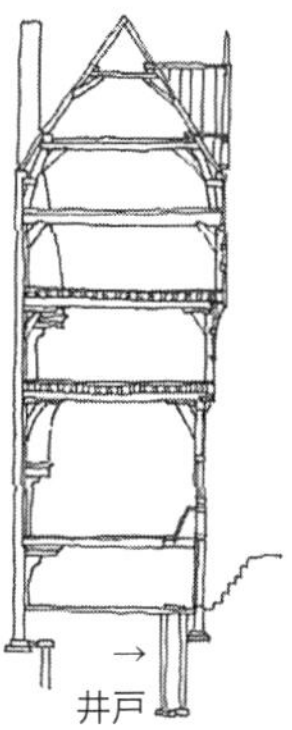

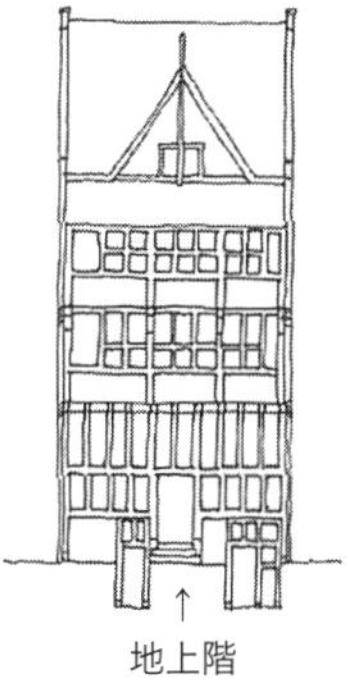

下右　図2-11　同　立面図
下左　図2-12　同　断面図

暖炉と煙突、間仕切り壁の出現

一三世紀は暖炉代わりの裸火が室内の中央部分で焚かれ、その煙は屋根に設けられた開口部を通って外部へ逃がされた（図2－1）。一四世紀になると、ワンルーム住居であることは変わらないものの暖炉と煙突が登場した。一五世紀、市内の高密化が進むと火災の危険性が心配され、煙と火の粉はレンガでつくられた煙突を通って排出された。

一五世紀の住宅は、切妻をもつものが主流であり、その後のアムステルダム都市住宅のプロトタイプともいえる、木造の壁や屋根で覆われた住居が生み出された。それは、それまでのワンルーム住居の中間に間仕切り壁を設けることによって、住居内が前後に分離したものだった。そのころの間仕切り壁は木造で、住居の奥まで光が入るように工夫され、壁の一部にガラス戸がはめ込まれた。

図2－13　ピーテル・デ・ホーホにより描かれた室内空間（17世紀）

当時建てられた住宅のほとんどは、正面向かって中央部に出入り用の扉をもち、日中はその扉が開放されて、通りに面した部屋（「フォールハイス（voorhuis）」と呼ばれた）はパブリック性の強い空間が形成された。その部屋はエントランスホールとして使われた他、店舗、日本でいえば土間のような小さな作業スペース、そしてリビングルームとしても使われた。また、二層を持つ住宅の場合、フォールハイスに階段が設けられることが多く、初期につくられた階段の多くは、らせん階段だった。

一方、奥の部屋はフォールハイスよりもプライベート性が強く、そこには暖房用や調理用として使われた暖炉が設けられ、家族中心のキッチンとリビングルームとして使われた。一年を通して風が強く、寒さが厳しいオランダの気候のもと、暖かい食事を囲みながら家族が日々の団らんのひと時を過ごしていたと思われる。

2 基本型からの発展

キッチンの分離

一五世紀から一六世紀にかけて前述したような二室を持つ住居が市内に多くつくられていったが、その後はそこから発展した住居タイプが幾つか生み出された。かつてレンブラントが住んだ家（レンブラントハイス美術館）もその一つである（図2-18、19）。

その一つは、キッチンが独立し、リビングルームの後方につくられた事である。住居内はエントランスホール（フォールハイス）、リビングルーム、キッチンといった順に通りから奥方向へ配され、暖炉はキッチン（調理用）とリビングルーム（暖房用）の各部屋に設けられた。最後方のキッチンの横幅は住宅の間口のだいたい半分ほどであり、キッチンの横には通気や採光の意味も兼ねた小さな裏庭が設けられた。キッチンから裏庭へはドアを通じて行くことが可能であり、トイレや井戸が裏庭にある場合はキッチンを通り抜けて行ったようである。部屋が前後につくられた住宅では調理と食事が同室（後部の部屋）で行われたのに対し、この場合、キッチンが設けられることにより、調理と食事の分離が見られる

A　都市住宅の基本的考え方（15〜16世紀より一般形となる）

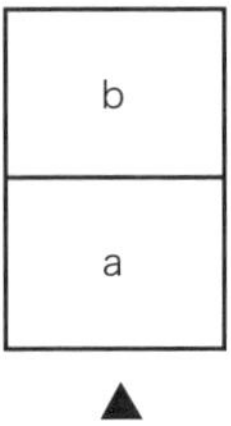

a フォールハイス（voorhuis）
b リビングルーム

二室に分けられる前までは一室住居の構成を採った．

ガラス戸のついた壁によって二室へ分けられた．

建物の後方には暖炉もあり，リビング用／調理用として使われる．暖房可．

建物の全部は，部屋，もしくはエントランスホールとして利用された．その他には，リビング・店舗・小さな作業スペースとしても利用された．

入口は中心部より．

通り側のドアは，大体の場合が開放されていた．パブリック性の強い空間．

B　私的空間の出現

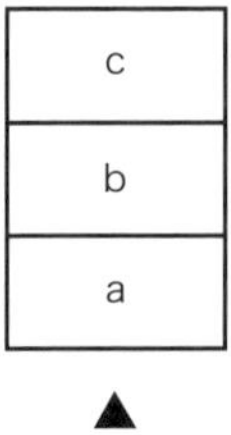

a エントランスホール（voorhuis）
b キッチンとリビングルーム
c 家族用の部屋

さらに一つ部屋が設けられる．
前面の部屋 a はエントランスホールとして使用され，その後ろの部屋 b はキッチンとリビングルームとして使用され，日常の生活空間だった．
そして，さらに後ろの部屋 c は住人だけのための空間として使われていたようで，私的な性格が最も強い空間であった．高価なインテリアがしつらえられていた．

B′　キッチンの分離

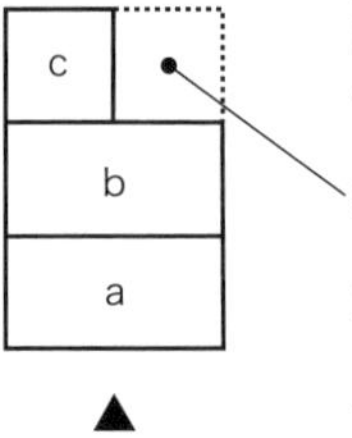

a エントランスルーム（voorhuis）
b リビングルーム
c キッチン

採光や通気のために空地になっている場合が多かった

B の場合でキッチンとリビングルームが一緒だったのに対し，キッチンが個別の空間として成立している．キッチンの空間が一番奥へと移動する．

＊各四角の大きさはあまり関係ない

図 2-14　アムステルダム中心部の住宅の変遷（その 1）

図 2－15, 16　裏庭に面したキッチン（現在）

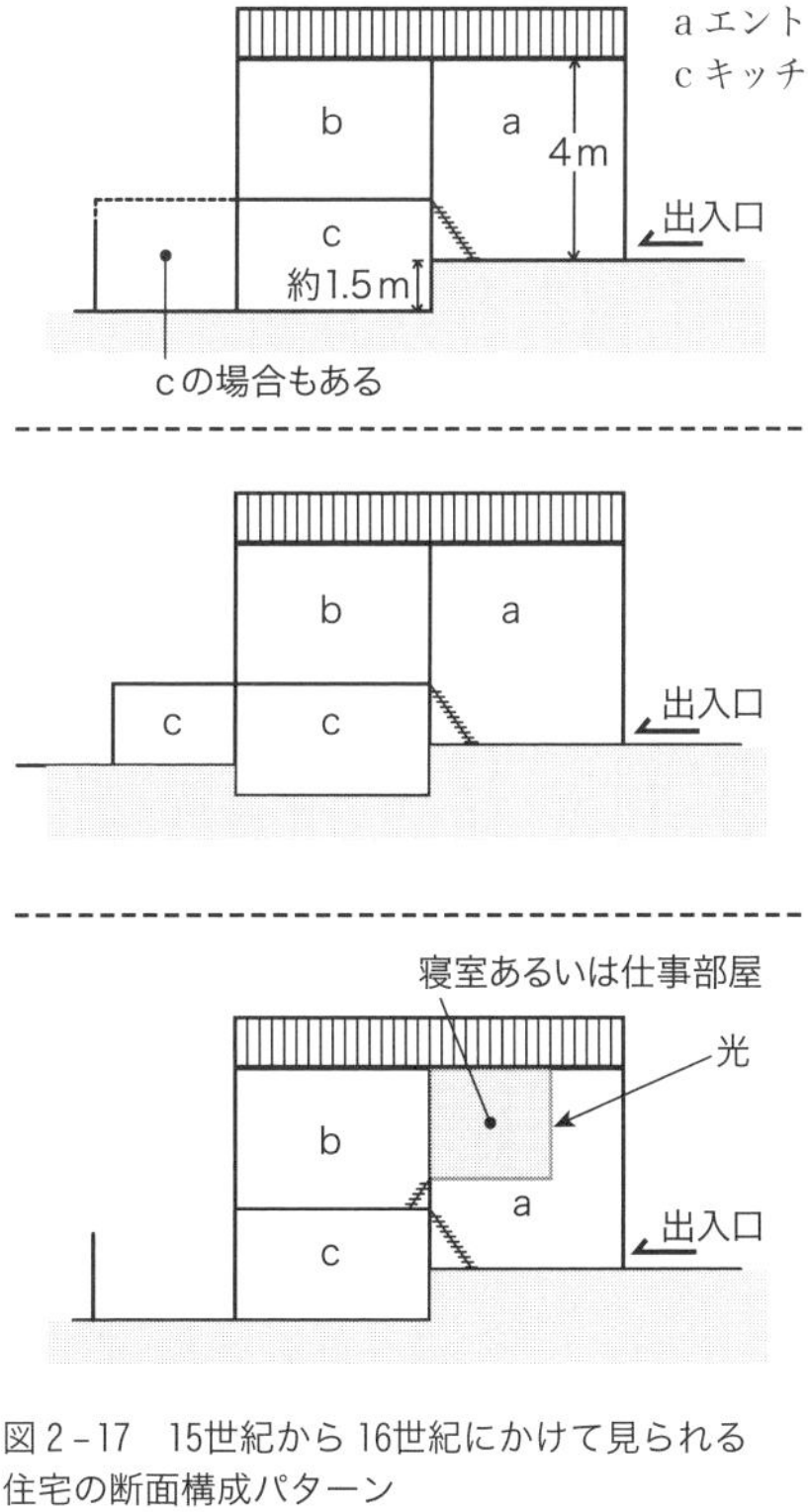

図 2－17　15世紀から 16世紀にかけて見られる住宅の断面構成パターン

ようになった。リビングルームは家族のための空間という性格が以前と変わらず強かったと思われる。

一方、断面的な点で見てみると、フォールハイスの天井高が四メートルもある住宅が生まれ、これによってより多くの光を室内へ採り込むことが可能となり、さらに、フォールハイスと奥の部屋を仕切る壁にはめ込まれたガラス窓を通じ、奥の部屋へ光をわずかに採り込むことができた。このような

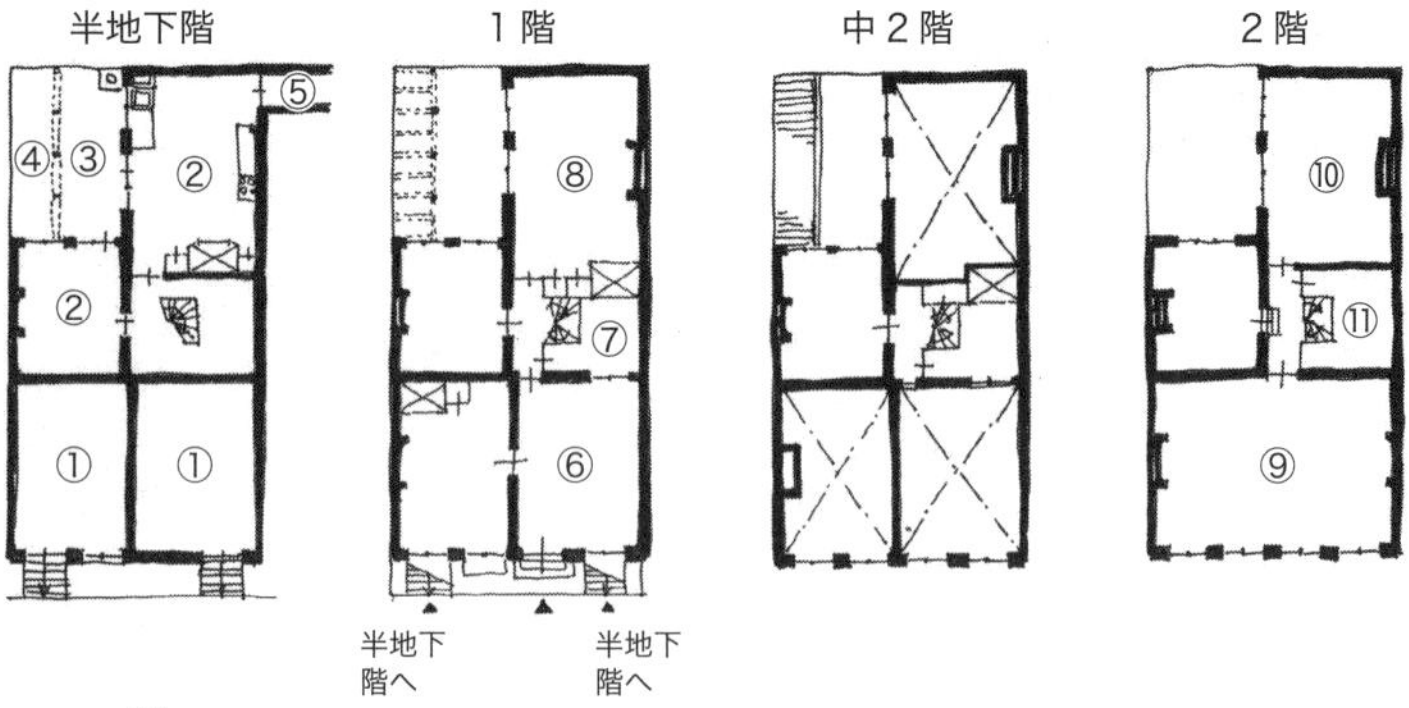

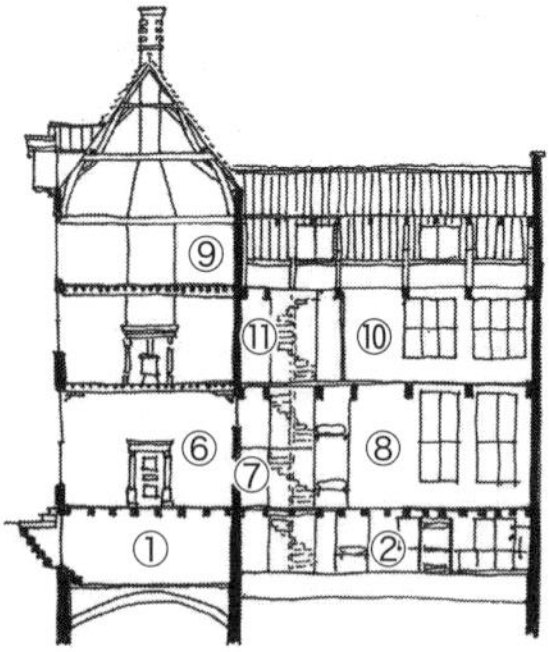

上　図2-18　かつてレンブラントが住んだ住宅の平面図

下　図2-19　同　断面図

①賃貸の地下室
②キッチン
③裏庭
④ギャラリー
⑤通路
⑥エントランスホール
⑦小オフィス
⑧広間
⑨アトリエ
⑩美術品を置く部屋
⑪控室

住宅の場合、奥の部屋はフォールハイスよりも床面が高く取られ、半地下空間の床面は地下水が地表からおよそ一・五メートル下を走っているため、地表面から一・五メートル程度下につくられるのが普通だった（図２−17上）。

住宅の最奥にキッチンを配する代わりにこの半地下の空間をキッチンとして利用する例もあり、住宅に裏庭がある場合は半地下空間から、もしくはその上の部屋から裏庭へ行くという二通りの方法が生まれた（図２−17中）。

天井高の高いフォールハイスが設けられた場合、フォールハイスの上部に木造の部屋がつくられることもあった。その部屋自体の天井高は高いものではなかったが、寝室もしくは仕事部屋として使用された。奥の部屋へ光を届け

右より　図2－20　レンブラントが住んだ時の室内の様子（エントランスホール）
　　　　図2－21　同　エントランスホール横の部屋（ザイカーメル）
　　　　図2－22　同　アトリエ

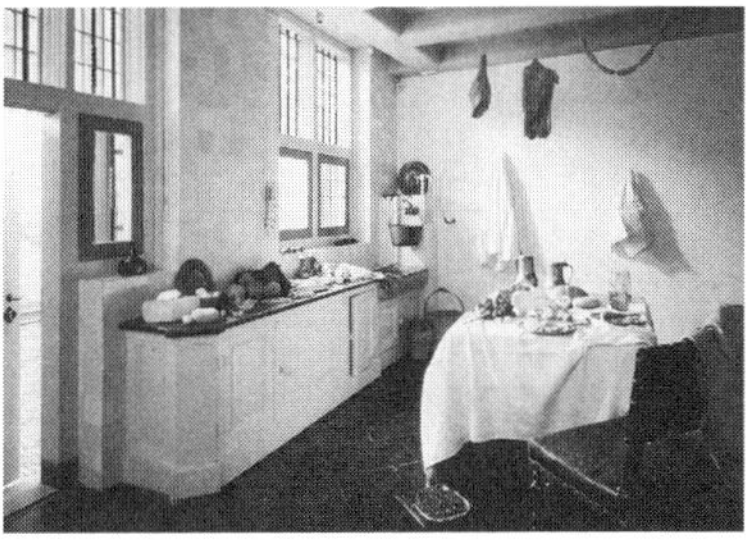

図2－23　同　キッチン

るために、邪魔にならぬようフォールハイスの上部半分だけを占める部屋が多かったが、なかには上部全体につくられることもあった（図2－17下）。

サイドルームの出現

一六世紀に入ると、フォールハイスの床面が通りより高い位置につくられるケースが見られた。それまでのエントランスホールに壁が登場し、エントランスホールとその横に個室（オランダ語で「ザイカーメル（zijkamer）」といい、英語で「サイドルーム」という意味である）が生まれた。この個室（以下ザイカーメル）が生まれることにより、住人は通り側に居ながらもプライバシーを保って生活できるようになった。プライバシーを保ちながら通りや運河など戸外の風景を眺めることができるようになったのである。

C　サイドルームの出現（17世紀〜）

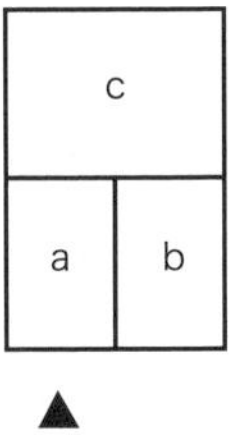

a エントランスホール（voorhuis）
b ザイカーメル（zijkamer）
c リビングルームやキッチンとして利用された

この時点ではエントランスルームは大きな空間を有していた．

一方建物の全部にサイドルーム b が出現し，これによって人々はプライバシーを保ちながら通りや運河などの外の空間を眺める事が可能になった．

後にこの部屋が大きな空間を占めていくこととなり，次第に大きなエントランスホールの必要性がなくなっていった．

D　裕福な運河沿いの住宅（ca.1700〜）

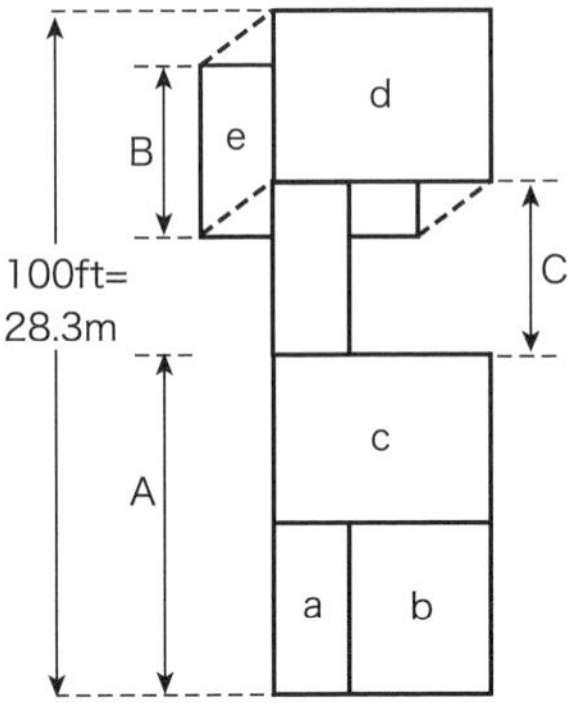

A: フォールハイス（voorhuis 前室）
B: アハテルハイス（achterhuis 後室）
C: インナーコート（中庭 binnenplaats）

a エントランスホール（gang）
b サイドルーム（リビングルーム）
c ファミリールーム（binnenkamer）
d ダイニングルーム
e キッチン（地下）

2 つか 3 つ分のパルセルを購入し，非常に豪華な住宅が建てられた．このタイプの住宅は17世紀もしくは18世紀になってから建てられた．
建物の奥行の長さが100フィート（28.3 メートル）までと決められていた．当時の市長が主導になって法律化された．これは，都市内の緑の（庭の）必要性からつくられたものだった．

インナーコートが建築物を二分している．後方の建物の裏に緑豊かな庭が確保されることとなった．インナーコートは光庭の性格が強いが，トイレが設けられていた．

A の建物の二階が居間と寝室で，更にその上は倉庫として利用された．

＊各四角の大きさはあまり関係なく，また a と b の配置の仕方は状況に応じて変わる．
アムステルダムにおける 1 フィートは 28.3 センチである．

図 2－24　アムステルダム中心部の住宅の変遷（その 2）

上　図2－25　ザイカーメルからの眺め
左　図2－26　階段を上がってメインエントランスへ

ザイカーメルが登場した当初、エントランスルームの仕切り壁は、ほぼ中央部に設けられたが、徐々にザイカーメルのほうに重きが置かれるに従い仕切り壁はエントランスホールに寄っていった。その結果、エントランスホールは幅の狭い、部屋というよりは廊下としての性格が強くなっていった。接客行為もそれまでのエントランスホールから暖炉を持ったザイカーメルへと移動した。つまり、ザイカーメルができたことによって生活行為にも影響を与えることとなった。出入り扉の位置もまた、エントランスホールの幅に合わせ、中央部から横へ移動した。

一七世紀になると、ほとんどの住宅の一階部分が通りよりも一～二メートル高い位置につくられ、そのため、住宅の正面には階段が設けられ、メインエントランスである一階へ行くためにその階段を上っていくという構成が生まれた。一方、一階部分が高くなるに従い、一階へ行くための階段の下部には地下室へ通じる扉が設けられた。裕福な商人たちが住む地区に建てられた住宅の半地下空間はキッチンや使用人の作業場所として利用されることが主で、使用人は地下室へ通じる扉を使って出入りした。つまり、主人と使用人の出入りが分離していた。一方、あまり裕福ではない市民が住む地区にある住宅の半地下空間は仕事部屋や店舗として使われ、ひどい場合にはそこを住居として住む人々もいた。

木造からレンガ造へ

初期のアムステルダムの木造住宅には主室の両脇に側廊のような空間があったが、住宅が建ち並ぶようになってその空間に光が差し込まないという理由から、徐々に姿を消していった。建ち並んだ住棟間にはわずかな隙間が生まれた。それは、「雨水が落ちる」という意味合いを持つ「オーセンドロップ(osendrop)」と呼ばれ、その幅は五〇センチだった。やがてレンガ造の構造体がつくられるようになると、隣り合う住宅はレンガ造の側壁を共有するように建てられ、それによってそれまでの軒下が消えることになった。

一四世紀になって最初のレンガ造の住宅がアムステルダムで建てられたが、市内の住宅のほとんどはまだ木造が主だったため、アムステルダム市内はたびたび火災の被害に遭い、そのたびに再建するという行為が繰り返された。そんな中、一四二一年と一四五二年に市内で大火災が起きて木造住宅のほとんどが消失した。この二つの大火後に初めて木造住宅建設を禁止する条例がつくられたが、屋根と側壁に木材を使用することを禁止するのみで住宅の正面ファサードと背面の壁は木造のままでも良く、あまり強い力を持った条例ではなかった。住人たちにとってもこの条例を守るには非常に多くの時間を費やした。一四七八年から一五二四年のあいだに木造住宅建設禁止に関する条例の改正は計一〇回(一四七八年→一四八三年→一四九一年→一四九二年→一四九四年→一四九七年→一五〇四年→一五〇七年→一五二一年

↓一五二四年）も行われ、この条例に関する話し合いがいかに多くの時間を必要としたかを物語っている。一五二一年の法改正では、既に建っていた木造住宅の側壁を石造へ変えねばならない、ということがつけ加えられた。一五二五年に法改正が成された時には、正面ファサードや背面の壁を木造で建設することが禁止された。正面や背面の壁の木造使用禁止の最終的な条例は一六六九年につくられた。

3 スマルディープハイス

新しいプロトタイプの出現

一七世紀に入って新たな形式を持った住宅が生まれた。それは、新しいプロトタイプの住宅ともいうべきもので、アムステルダム市内で一七世紀以降につくられた住宅、特に当時高級住宅街と呼ばれていた三つの環状運河沿いに建つ住宅の多くがこのタイプを踏襲している。一つ分のパルセルに建てられた住宅を一般的に「スマルディープハイス (smal diep huis)」と呼び、その空間配置は以下の通りである。

二棟の建築が小さな中庭（オランダ語では「ビネンプラーツ (binnenplaats)」と呼ぶ）を介して前後に建てられ、その前後の二棟はそれぞれ「フォールハイス (voorhuis)」、「アハテルハイス (achterhuis)」と呼ばれた。中庭には二棟をつなぐ建築物がつくられ、しばしば階段室がそこに配された。それまでは住宅の通りに面した部屋のことを「フォールハイス」と呼んだが、この時代では前部の一棟全体を「フォールハイス」と呼んだ。五・六〜八・五メートルの間口幅を持ち、フォールハイス、中庭、アハテルハイスを

図2-27　裏庭

図2-28　フランス式庭園の美しい裏庭

合わせた住宅の奥行きは当時一〇〇フィート（二八・三メートル）までと決められており、それよりも奥行きの長い住宅を建設することは許されなかった。「奥行き一〇〇フィートまで」という決まりは当時の市長が主導して法律化されたものであり、都市内の緑の（庭の）必要性からつくられたものだった。一七世紀に都市内が高密化して、街区内の空地がいかに少なくなっていたかが分かる。この建築制限は今日なお効力を保っており、緑のオアシスが保持されている。

図2-29　猫の額ほどの中庭を見下ろす

図2-30　裏庭につくられたサマーキッチン

フォールハイスの一階部分には、エントランスホールとザイカーメルの二つの部屋が通りに面して配され、ザイカーメルは主にリビングルームとして使用された。これら二部屋の後ろにはよりプライバシーの強いファミリールームがあった。二階部分は居室や寝室として使われ、さらに上階は倉庫として使用された。

フォールハイスとアハテルハイスの間にある中庭は採光や通気のためにつくられ、猫の額ほどの小さな空間だったが、時にトイレが設けられることもあった。

アハテルハイスには一階部分にダイニングルームが配され、その下の半地下空間にはキッチンがあり、半地下階で調理をしてその上の階で主人たちが食事を取るという動線形態が生じた。アハテルハイスよりさらに後ろには裏庭がつくられて、庭は住人たちによって思い思いに造園がなされた。フランスの庭園様式が入ってくるようになると、それを模した庭が現れるようにもなった。住人は綺麗に整えられた裏庭を眺めながら食事を楽しみ、そして運河に面したリビングルームで水辺を眺めながら生活していた。

さらに裏庭の最奥部には東屋を建てる場合があり、そこで住人や客人たちがゆっくりとくつろぐ事が可能だった。また、そこにはサマーキッチンが設けられる場合もあり、母屋のキッチンで調理すると室内の暑さが増すとの理由から、夏の間はそこで主に調理した。

スマルディープハイスの二つの事例

スマルディープハイスの事例として、二つの住宅を紹介する。

まず、カイゼルス運河沿いに建つ、非常に豪華な空間がつくられたカイゼルス運河三八七番地の住宅について。この住宅は、一六六三年時にこのあたりを流れていた運河ヘーレドヴァルスブルフヴァルを

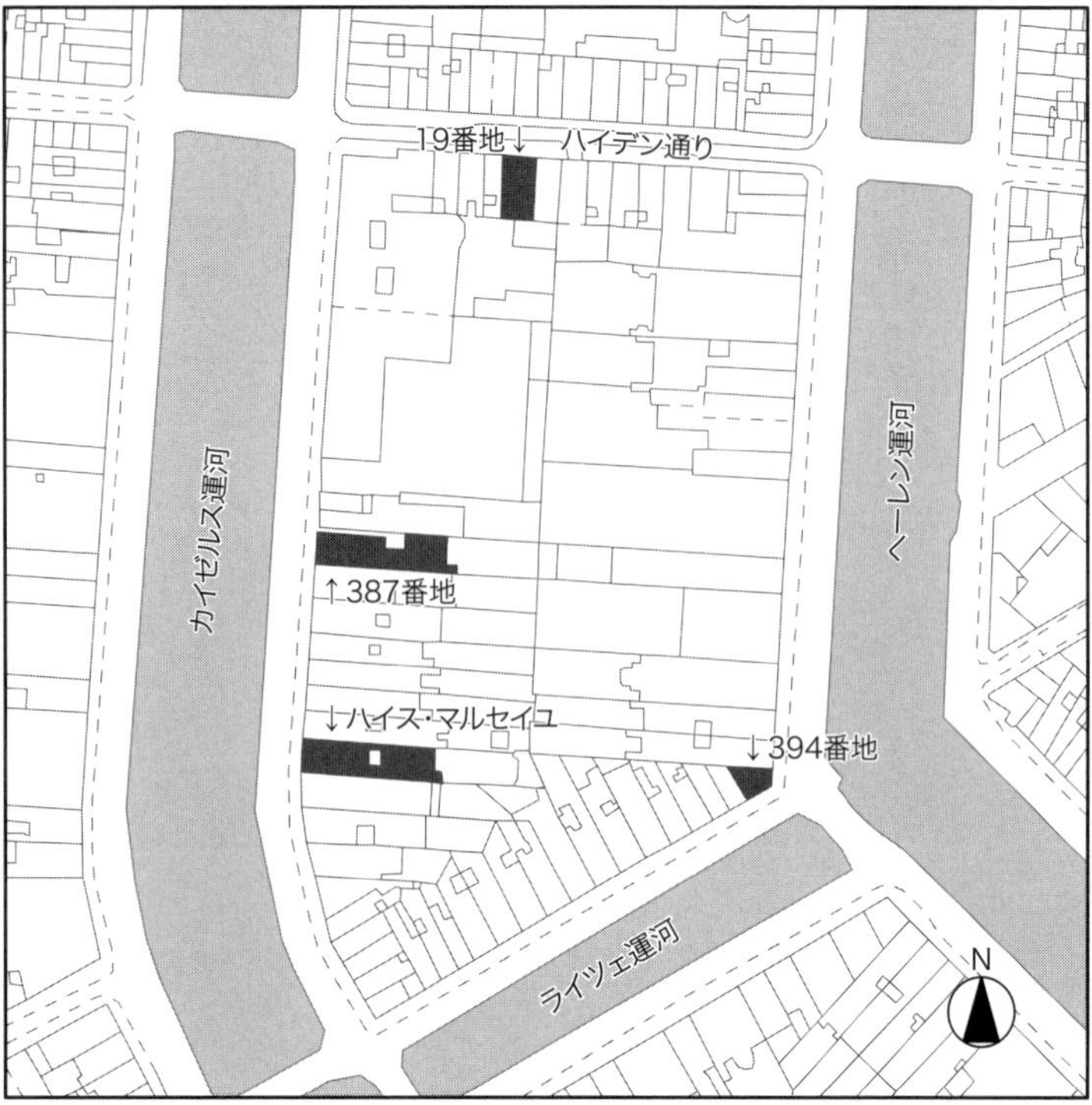

図2－31　ハイス・マルセイユ周辺図（約1/2500）

埋め立てた後につくられた土地に建設された。間口幅は二六フィート（およそ七・四メートル）、奥行が一七五フィート（およそ五〇メートル）の敷地である。敷地は一六六三年に市によって買い取られた。

一六六八年時の空間構成は、「ビネンプラーツ」と呼ばれる小さな中庭を介し、運河側に「フォールハイス」、裏側に「アハテルハイス」がつくられた。一七世紀後半、奥行き一〇〇フィート（二八・三メートル）までしか建築をしてはならない、という決まりができたが、この建物の奥行きの値は一〇〇フィートとほぼ等しい。当時の典型

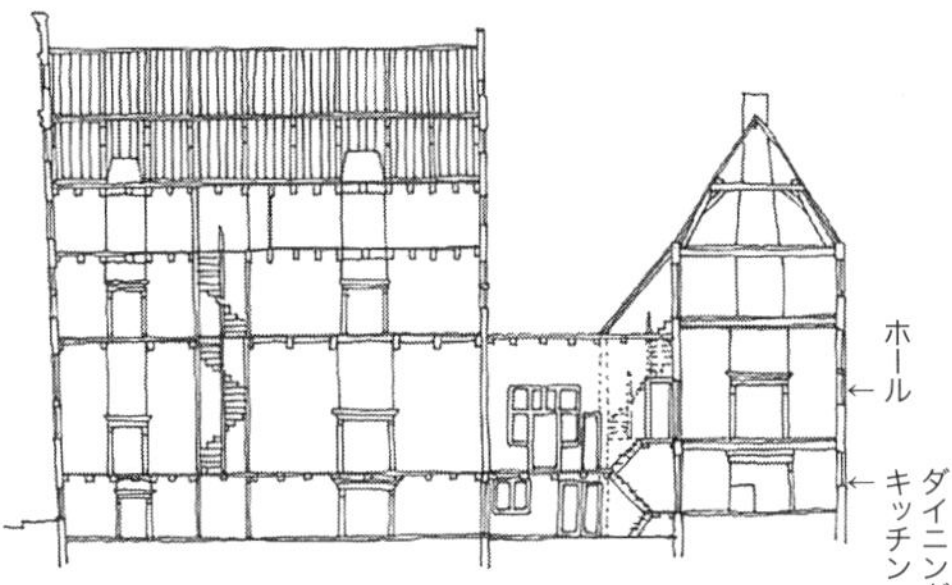

図2－33　同　断面図

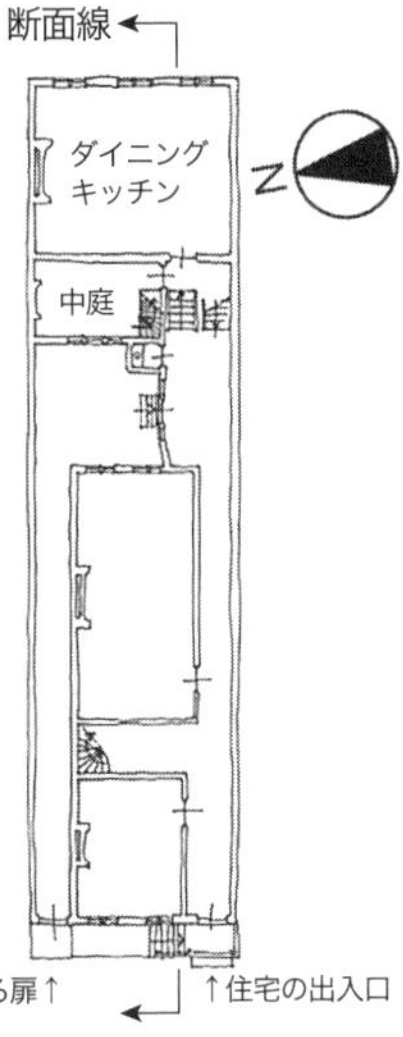

図2－32　カイゼルス運河387番地　平面図

左　図2－34　同　立面図

的都市住宅である。市によって購入されて建築されたものなので、模範となるべきものが建てられたのだろう。

半地下階はフォールハイスにつくられたが、アハテルハイスはフォールハイスの床レベルと一致しておらず、ビネンプラーツから階段を上り、アハテルハイスの最下階へ行くことができた。その最下階はキッチンとして使用され、最下階の上には天井の高いホールがつくられ、ホールの床高が裏庭よりも高いところにあるため、そこから裏庭を見下ろすことができた。食事をしながら整備された裏庭を眺めることは、気持ちのよいものであったに違いない。

また、この建物の特徴の一つとして挙げられることは、建物の前面道路から中庭へ直接アクセスすることができる通路が、建物内の廊下とはべつに設けられていることである。中庭へ直接つながる通路はよりプライベート性を強く持った、主人や使用人たちが使うための、いわば勝手口のような役割を持っていたのではないだろうか。

次に、やはりカイゼルス運河沿いに建つ、現在は写真のギャラリーとして使われている「ハイス・マルセイユ（英語でいうとマルセイユ・ハウス）」を紹介する。この建物が「ハイス・マルセイユ」と名づけられたのは、フランスの港町マルセイユの地図が描かれた石が建物の正面に、はめ込まれたからである。このハイス・マルセイユが建つ敷地は、一六六三年に運河を埋めた際につくられた土地の一角に含まれ、一六六五年にアイザックという名のフランスの商人によって購入された。彼はマルセイユ港で「ネプチューン」という名の船に物資を積み込んでアムステルダムへ航行することによって、アムステルダムに土地を購入するという機会を得た。そして、ハイス・マルセイユの建設が始められた。一六七六年にアイザックは建物を売りに出すことになったが、建物の正面につけられた石は残された。

ハイス・マルセイユもまた、一七世紀に建てられた住宅の多くに採用された形式によって建てられた。ビネンプラーツの前後にフォールハイスとアハテルハイスが建ち、その裏に庭がつくられる、という空間構成をもっていた。当時有名な建築家であったフィリップス・フィングスボーンスによってデザインされた。間口二六フィート（およそ七・四メートル）、奥行一七五フィート（およそ五〇メートル）の敷地に、奥行一〇〇フィートの建物が建てられた。

一八世紀になると、ぜいたくなインテリアで飾られ、特に、エントランスホールは素晴らしいスタッ

図2－36　同　エントランスから裏庭へ

図2－35　ハイス・マルセイユ

図2－38　同　庭と建物をつなぐ出入口

図2－37　同　裏庭

図2-39　ハイス・マルセイユ　半地下階へ通じる出入り口

図2-40　同　裏庭側のファサード

図2-41　同　地面レベルの窓は半地下階のもの

図2-42　同　裏庭側のファサードを見上げる

図2-43　ハイス・マルセイユ　立面図

コの作品で彩られた。商業の神であるマーキュリーや、勝利の神であるヴィクトリアが作品に表現され、平和や富への願いが込められた。

また、裏庭に面する部屋の天井には大きな絵画が描かれた。その部屋は「ガーデンルーム」と呼ばれ、天井画はヤコブ・デ・ヴィットによって描かれた。ヤコブ・デ・ヴィットは、一八世紀の室内の壁画を手がける画家のうちで最も有名だった。

現在のハイス・マルセイユは、往時の空間をほぼ再現して改装され、当時の豊かさに満ち溢れた生活空間を実体験することができる。

4　ブレートハイス

二つ分のパルセルに建てられた住宅

各時代の非常に裕福な市民は隣り合う複数のパルセルを購入して一回り大きな住宅を建てた。とくに、二つ分のパルセルに建てられたものが最も多かった。一五世紀から一六世紀にかけて開発された地区においても、二間口分の幅広い住宅がつくられることがあった。この場合、一間口分の幅を持った二部屋が通りに面して横並びに配され、各部屋はエントランスルームとザイカーメルとして使われた。それら

E　2つ分の敷地を購入する場合

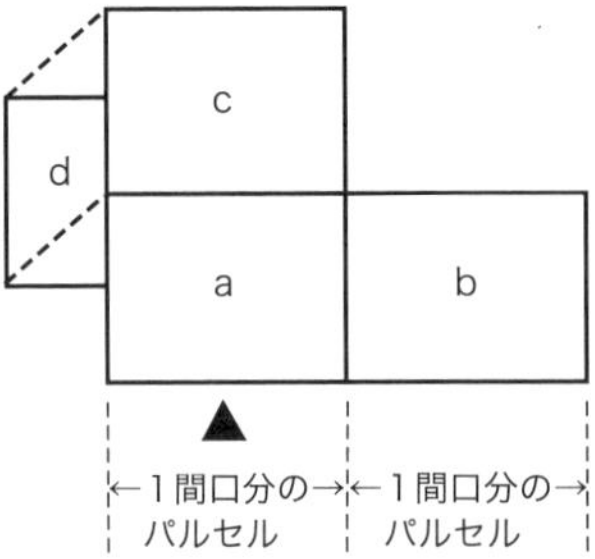

a エントランスルーム
b ザイカーメル（zijkamer）
c リビングルーム
d キッチン（地下）

当時の裕福な市民たちは，敷地割りされた土地のなかで隣り合う2つ分を購入した．
この1間口分のことを“parcel（パルセル）”という．
横幅が1間口分の空間にそれぞれエントランスホールaとサイドルームbが配され，より大きな空間を獲得することができた．

＊各四角の大きさはあまり関係なく，またaとbの配置の仕方は状況に応じて変わる．

図2-44　アムステルダム中心部の住宅の変遷（その3）

の部屋の背後にはリビングルームがあり、リビングルームの下には大抵の場合キッチンが配された。ここでもキッチンとリビングルーム間の動線関係が存在していた。

一七世紀を中心に開発された三本の環状運河に挟まれた街区でも、複数分のパルセルの上に大きな住宅が建てられた。こうした住宅を「ブレートハイス（breedhuis）」と一般的に呼んだ。

この時期に登場したブレートハイスの空間構成は、スマルディープハイスとともに一七世紀や一八世紀に建てられた住宅のプロトタイプとなった。一七世紀につくられた地区の敷地割りの寸法はほぼ統一されており、現在の地図を見てもその当時の敷地割りが残されていることが多い。それは地図上で線を引いたように正確であり、スマルディープハイスの間口幅は前述したように五・六～八・五メートル、ブレートハイスの場合は一四～一七メートルの幅で、街区内が均等に割られている。

ブレートハイスの一階部分は、住宅の中心部にエントランスの扉が配され、扉を開けると廊下を兼ねたエントランスホールが設けられた。エントランスホールの両脇には通りに面してザイカーメルが設けられ、階段室がザイカーメルより奥に設けられた。一階部分の廊下が突き当たる最奥にはリビングルームやダイニングルームがたっぷりとした広さで設けられ、それらは裏庭に面していた。半地下階の通りに近い部分には使用人のための部屋、もしくは地下貯蔵庫が設けられ、それより奥の裏庭に面した部分にはキッチン、そして時には使用人のためのキッチンが別に設けられることもあった。二階より上の部分は寝室や居室として使われていた。最上層の屋根裏階は倉庫として使われた。一七世紀には市内に大規模な倉庫街がつくられて商人の多くが商品をそこへ収納する場合がほとんどだったので、住宅内の倉庫空間には商品ではなく、家財道具などが納められていたと考えられる。

図2-45　ブレートハイス
幾何学的にデザインされた裏庭

図2-46　同

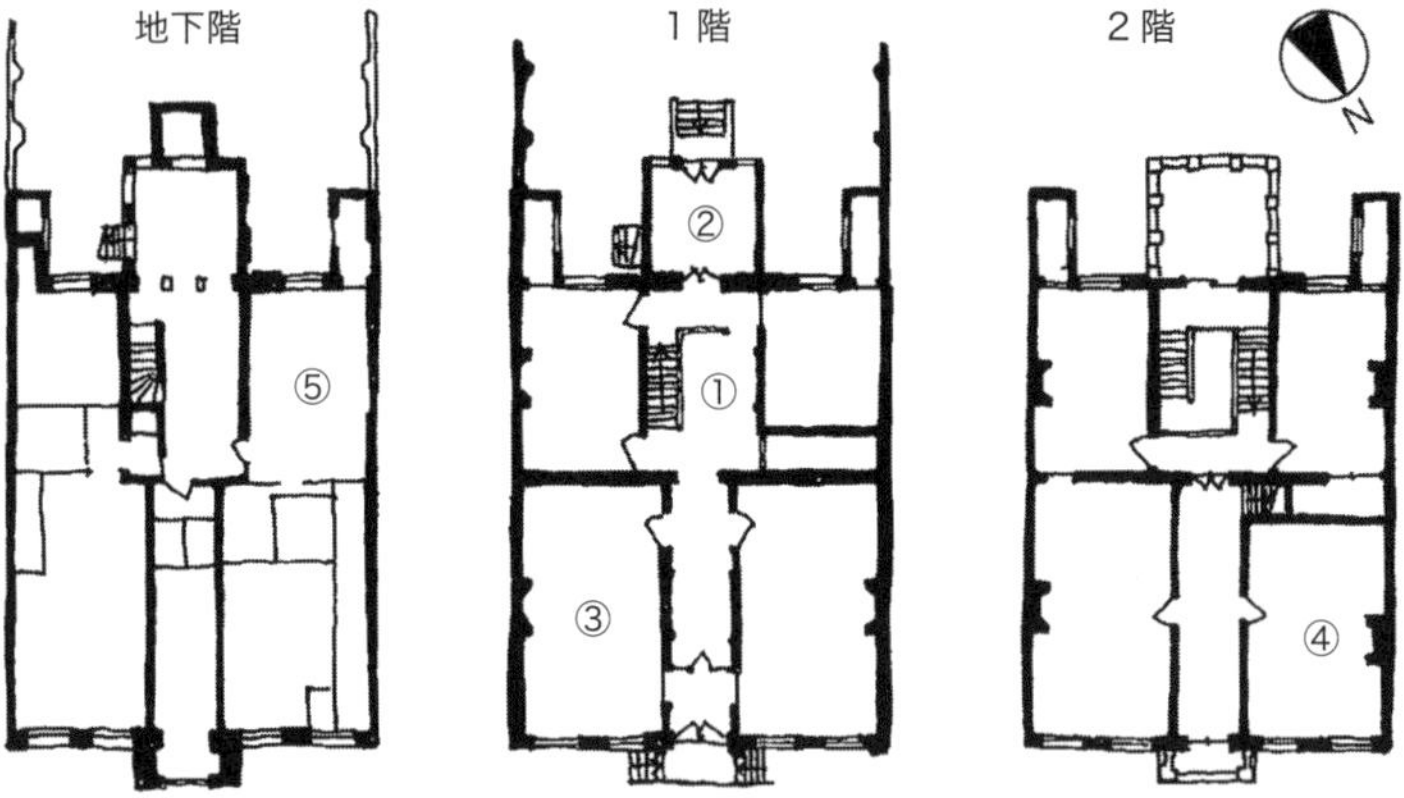

①階段室　②ガーデンルーム　③ダイニングルーム　④主人の寝室　⑤キッチン

図2-47　ファン・ローン・ミュージアム　平面図

ブレートハイスの場合、スマルディープハイスよりも間口が大きいので横に大きく空間を取ることができ、したがって裏への建て込みは少なかった。また、一〇〇フィートという奥行きの規制に十分に対応できる広い空間を有することができたため、スマルディープハイスにつくられたような猫の額ほどの大きさの中庭を設ける必要はなかった。スマルディープハイスの場合と同様、裏庭には住人たちの嗜好が十分に取り入れられ、その主流は植栽を幾何学的に配した庭園だった。ときには噴水やサマーキッチンを持った東屋もあり、贅沢な庭園がつくられた。

ファン・ローン・ミュージアム

現在ファン・ローン・ミュージアム（Museum van Loon）として一般に公開されているカイゼルス運河六七二番地の幅広の建物は、一七世紀後半につくられた贅沢な住宅の様子をよく残している。一六七二年に土地が売りに出された際、画家レンブラントの弟子の中で最も有名なフエルディナント・ボル(Ferdinand Bol)が購入して住宅を建て、その後一八八四年に当時アムステルダム市内で裕福だったファン・ローン一家によって購入された。ファン・ローン・ミュージアムはケルク通りとカイゼルス運河との間に位置しており、カイゼルス運河沿いには、豪華な商人住宅が建ち並んでいた。

建物は間口約一五メートル、奥行き二八・三メートルの大きさを持ち、建物の正面の中央部分に入口があり、そこから中庭のほうへ廊下が直線状に伸びている。廊下の両側には部屋が配され、廊下が終わ

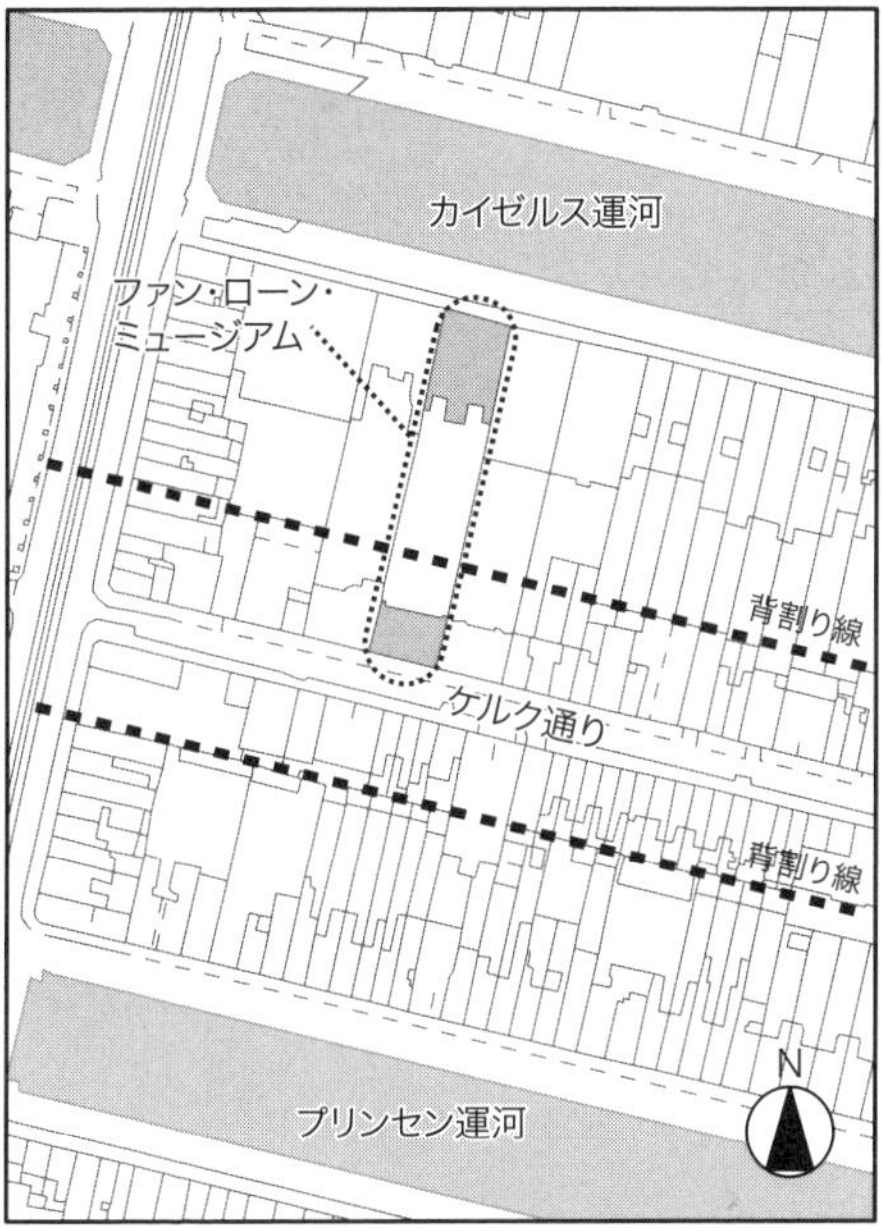

図2-48　ファン・ローン・ミュージアム　周辺図

図2-49　ファン・ローン・ミュージアムの正面
(右側の扉から入る)

図２-50　ファン・ローン・ミュージアム　幾何学的で立派な中庭

図２-51　同　中庭に面するファサード

る先には階段室、そしてさらに奥には中庭に面するようにタインカーメル（tuinkamer ＝ガーデンルーム）と呼ばれる部屋が設けられた。階段室の両側にも部屋が設けられており、それぞれに暖炉を備える贅沢なインテリアで飾られた。

中庭に面した半地下階にはキッチンがつくられ、半地下階で調理された料理は一階の運河側に面した部屋へと運ばれ、主人たちはそこで食事をしていた。ダイニングルームとして使用されたその部屋は、一七世紀当時たくさんの陶磁器が飾られた棚が置かれ、荘厳なランプが天井から下がり、壁にはポートレートが何枚か掛けられてあった。二階から上は寝室などに使われていた。

一階の最奥に設けられたタインカーメルはまさしく中庭を一望することのできる空間で、その部屋から直接中庭へ行くことができる。中庭は幾何学的に植栽が配され、その奥にはコーチ

図2－52　19世紀の中庭での様子を描いた絵

ハウス（馬車の車庫つき住宅）が見える。コーチハウスの中庭に面した壁面も中庭と一体化するようにデザインされており、非常に豪華な装飾が施された。コーチハウスはケルク通り側に馬車が出入りする開口部が取られており、コーチハウスの上階に馬車の運転手が住んでいたが、運転手が生活した二階部分から中庭を見ることはできなかった。コーチハウスの中庭側の壁の二階部分には小さな窓が設けられているが、ガラスの部分にカーテンのモチーフがペイントされており、やはり中庭を見下ろすことはできなかったようである。ファン・ローン・ミュージアムに隣接する建物もまた、間口の広い敷地の上に建物を建て、ケルク通りにコーチハウスを設けてその間を中庭として使っていた。ファン・ローン・ミュージアムのある敷地の大きさは間口が約一五メートル、奥行きが約七三メートルで、建物の奥行きが当時の規則である二八・三メートル、そしてコーチハウスの奥行きが約一一メートルなので、その残りの一五×三〇メートルほどの空間を中庭として使うことができ、非常に贅沢な暮らしぶりであったことが想像できる。当時中庭でどのように過ごしていたのかという絵（前頁・図2‐52）が残されており、中庭で食事をしながら談話したり、じゃがいもの皮を剥いたり、二頭の馬が馬車につながれていたりと、様々なことが行われていたようである。

5　ハウトマン通り二〇番地——集合住宅タイプ

田園都市理念の導入——二〇世紀以降

イギリスからの田園都市理念の導入と同じくして、オランダで初めての国家規模における規定であり、「住宅」を国家的関心の対象とした「住宅法」と呼ばれる法律が一九〇二年に制定された。住宅法がつくられるきっかけとなったのは、急激な人口増加、都市部への移住が進んだからであった。イギリスでは工業化に伴って住環境が悪くなる状況に対し、それを改善すべく登場したのが田園都市理念であったが、オランダでは住宅法がそれを体現している。

ハワードの著書『明日の田園都市』はオランダのハウジングにも大きな影響を与えたが、オランダではハワードが描いたような規模の独立した田園都市を計画するために利用できる土地が実際上存在しなかったこと、そして、「都市の拡張計画」と「実際の建設のための理念」として解釈されたことにより、オランダにおけるハワードの理念はイギリスとは異なって解釈され、希薄化することとなった。とくに西部地方は、脆弱な地盤のため難しかった。また、道路網や下水道設備といったインフラストラクチャーに対する整備には多額の資金を必要とする。そのため、多くの人がオランダの地理的特性は大規模な計画に適さないと感じた。

しかし、オランダにおける田園都市構想の特徴は、現実的な感覚において田園都市の理念を確実に推定したことや、そうした理念を地域的な状況に総合させたことにある。オランダにおける田園都市理念の果たした役割は、オープン・プランニング（開放的配置計画）の概念、各住宅専用の外部空間領域を設定する可能性、住宅と自然との密接な関わり、住宅と共有施設間の共存だった。土地所有権の獲得とその維持が始められ、自治体の土地所有権は保たれながら建設者に貸与される、という仕組みが、一九世紀の終わりに成立した。たとえば、アムステルダム市における土地賃借権の制定が一八九八年から実施され、それは現在も有効である。その仕組みにより、各自治体の地域的な自律性が強調され、投機市場の一部となって形成された居住環境に直接的に対応できるようになり、自由・博愛主義的環境（富裕階級や指導者階級から労働者階級への施し）に特徴づけられる住宅産業に大きな構造変化がもたらされた。また、住宅建設量の増大や質的改良、という条件下で記録的なまでの改善を達成したのである。

住宅法の義務規定の下に作成された初めての建築条例のほとんどにおいて、水洗トイレ、上下水道、換気、排気、に関する規定が設けられた。そのほか、屋根構造の強化の義務づけや、住棟に囲まれた屋外空間に未許可の離れを建設することを制限する自治体もみられ（例：ハーグ市）、アムステルダム市においては、当時の建築家ベルラーヘがアムステルダム市南部地区拡張計画に包含される範囲において、押入型ベッド（図2－53）を禁止した。

図2－53　押入型ベッド

住宅法の都市計画に関する規定のうち最も革新的であった規定として、将来的に道路が建設されるであろう場所での建設を禁止する権限を地方自治体が持つことが挙げられる。そのほか、一万人以上の人口を持つ、もしくは過去五年間において二〇パーセント以上の人口増加を見た自治体には、都市拡張計画の策定が義務づけられ、さらには、一〇年ごとの修正も義務づけられることとなった。居住水準の標準を底上げし、自治体と政府との力関係に大きな変化がもたらされたのである。

近代に生み出された集合住宅

幸運なことに、アムステルダム中心部の集合住宅の一室に滞在する機会を得ることができた。それは、一八七五年に建てられた住棟群の一室で、その住棟の真向かいには労働者用集合住宅の記念碑ともいうべき住宅改良運動の最初の住宅が今もある。

労働者住宅が数多くつくられるようになった一九世紀末になって空間的にしっかりとしたものとなるが、もちろん、それ以前にも集合住宅は産業活動が活発だったアムステルダムでつくられてきた。それは一七世紀に開発された地区に多くつくられ、とりわけヨルダン地区などの労働者たちが数多く住むところに建設された。ただし、一七世紀における住宅のクライアントは、それまで富裕階級や王室など個人に限定されていたが、住宅法の成立後はさまざまな政府組織、組合、協同組合が主なクライアントとなった。住宅を設計する当時の建築家たちは、「労働者住宅＝集合住宅」という対象に目を向けるようになり、「労働者住宅こそが都市の中心要素だ」という認識が生まれ、具体的な都市・住宅像を提案した。それは、「私生活」の場である専用住宅を中心とするという、二〇世紀の都市の性格を確立させていくきっかけとなった。

各階に一戸の住居が配され、そこに一家族が住んだ。外壁には二つの扉が並んで置かれ、一つは一階のために、もう一つは二階より上の階へアプローチするためのものだった。各住居には二つの部屋が前後に配され、後ろの部屋のさらに奥にキッチンが設けられた。しかし、一家族にとってその住居はけっして十分な広さを持ってはおらず、厳しい居住環境だった。

建物が立っている場所であるハウトマン通り（Houtmanstraat）周辺がかつてどのような場所であったのか、もう少し詳しく古地図を見てみると、一七世紀の終わりには木材を置くための場所だった。「ハウト（木材）」という通りの名前からも、木材と関係のある場所であったことを読み取ることができる。かつては通りのそばに市壁があり、一七世紀には都市のエッジ部分であった。

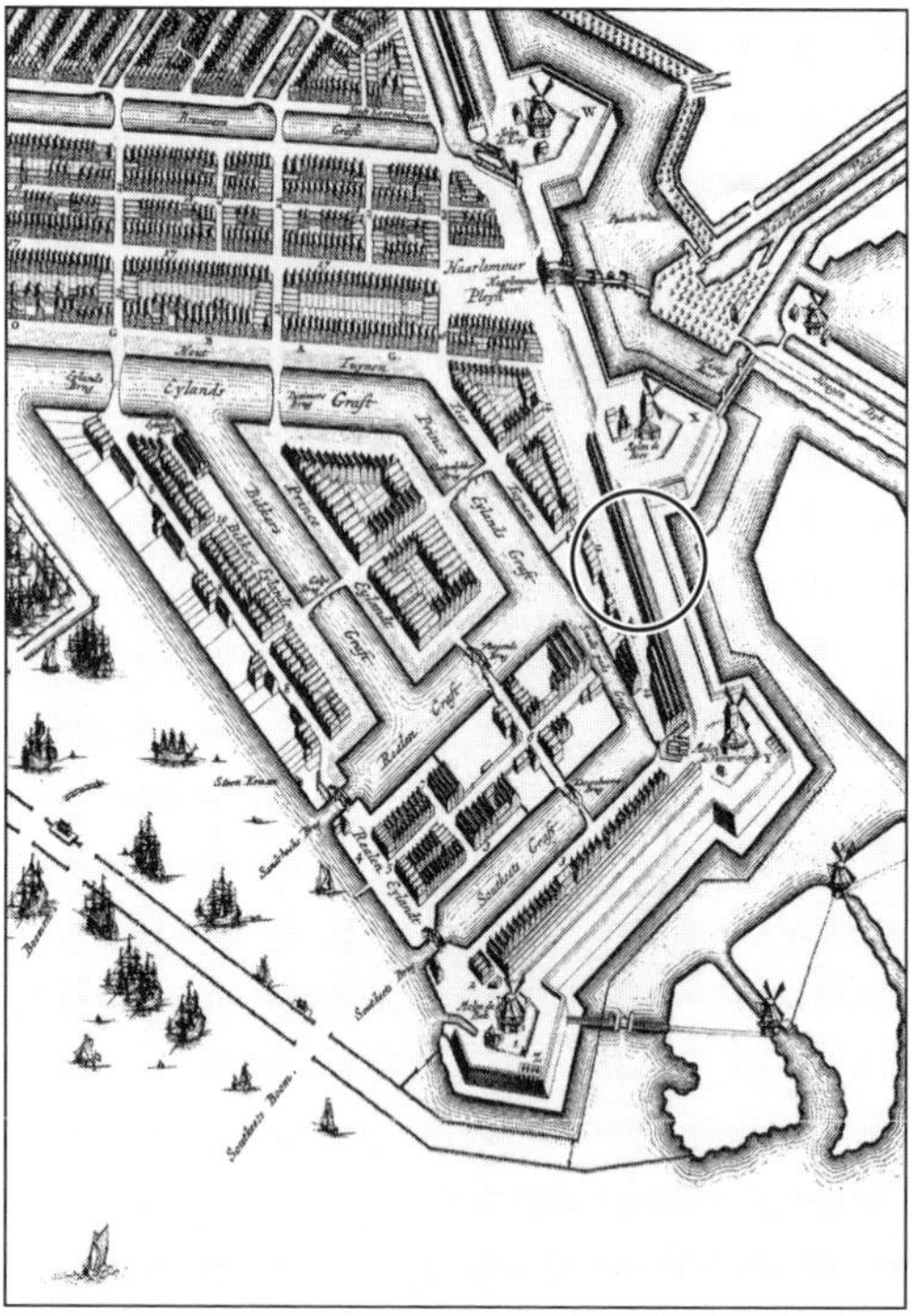

図２－54　18世紀当時のハウトマン通り周辺（丸で囲んだ部分）

　一九世紀半ば、人口過密によって環境衛生の悪化が懸念された。一八四九年には市内にコレラが蔓延して問題が深刻化してきたため、一八七七年に市の保健局が設置された。当時地下室を住居として使用するケースも珍しくなく、一八七三～七四年に地下室住居調査がアムステルダム公衆衛生委員会によって行われたほどだった。成人であれば頭が天井につくほどの高さしかなく、通気も悪くて採光もままならない地下室に住む人々の多くは貧しい者たちで、調査時には市民の約八パーセントが地下室を住空間として使っていた。しかし、一九〇四～一五年に市内の地下室住居が居住禁止にされたり取り壊されたりした。

　このような住環境の悪化から、市はこの問題について真剣に取り組むようになり、一八七五年にアムステルダム市労働者住宅建設公団を設立する法案が成立した。その後一八九九年には住宅法が国会に提出され、一九〇二年八月一日に実施され、この住宅法は現在まで効力を持ち続けている。そして、当時進められていた住宅改良運動による最初の住宅（一〇四戸の労働者用集合住宅）が、一九世紀に市壁が壊され港湾施設の移動により空地となっていた旧市街西部の一角に建設された。これは上述した記念碑的集合住宅のことである。続いて一八七五年には、その集合住宅に面するように新しい集合住宅棟が建てられた。この二棟間の通りはハウトマン通りと呼ばれ、背接型の集合住宅形態を取ったので、ハウトマン通りとその反対側を流れる運河の両側に各住戸への入り口が設けられた。この背接型集合住宅の形式は、先にできた集合住宅（一〇四戸の労働者用集合住宅）でも採用された。二棟の集合住宅はハウトマン通りに対して入り口を持ち、入り口の前には小さな前庭がつくられた。ハウトマン通りは、主要道路に挟まれていることから、限られた人しか使わないため、比較的静かであり、裏庭的な雰囲気が強い。

狭小な住居空間

滞在した部屋は住棟の最上階に位置しており、外から扉を開けるとすぐに階段室がある。じつはこの建物には残念ながらエレベーターが備えられておらず、五層目である最上階まで行くには階段を上り詰めなければならない。しかもその階段は急で踏み面の幅も狭く、上りづらい。また階段室自体も狭いから、上り下りの際に圧迫感がある。この集合住宅がつくられた当時の状態なのだろう。アムステルダムの都市住宅の階段室は昔から大して広くはなく、当時の住人たちも各階へ行くために狭くて急な階段を上がった。限られた空間を有効に使うために階段室は最小限に抑えられたのである。この集合住宅の階段室も同様であった。

右　図2－55　現在のハウトマン通り周辺

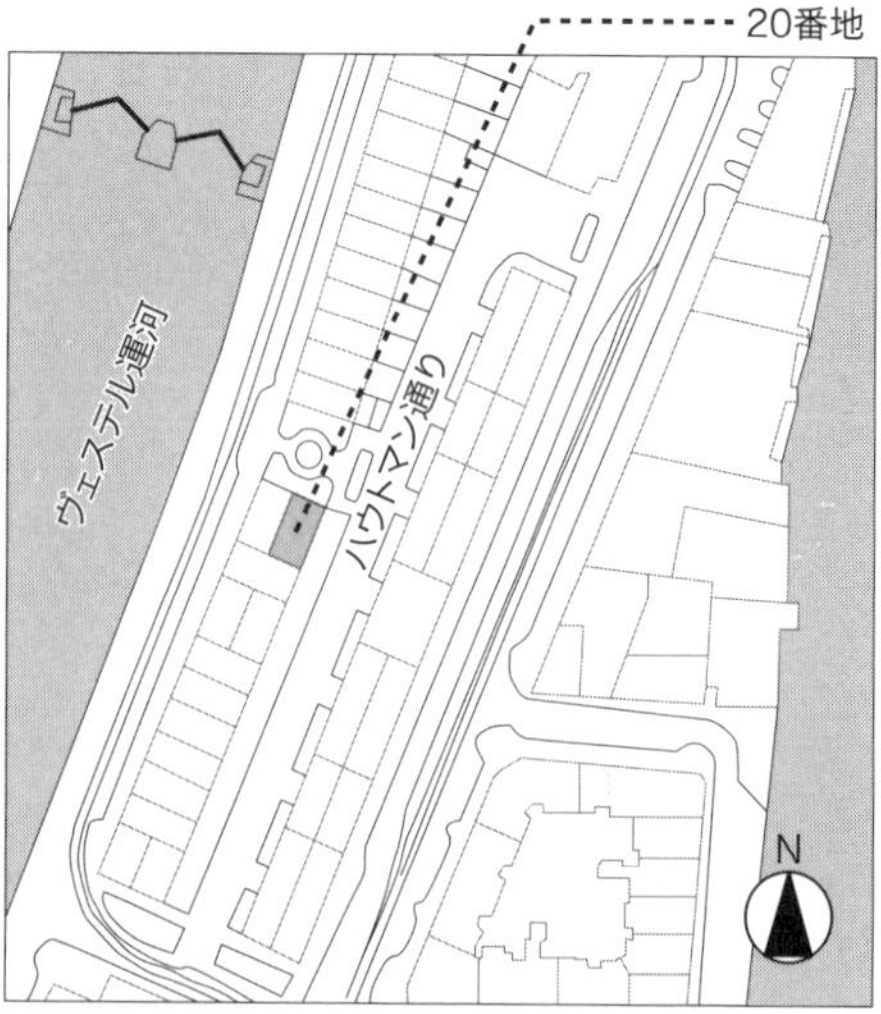

図2－56
ハウトマン通り20番地

図2－58　同　室内のようす

図2－57　同　エントランス

上右　図2-59　ハウトマン通り20番地　部屋へ光を採り入れるための小さな窓が踊り場にある

上左　図2-60　同　ロフト

左　図2-61
同　入口付近のキッチン

しかし、エントランスホールには前面に大きな窓がついているので昼間は比較的明るかった。最上階のエントランスホールは階段室の両辺に配する二部屋の住人のためだけの空間というおもむきが強く、（物置用の）収納棚が置かれ、その上には花壇がしつらえられ、私有化されていた。しかし、他の階のエントランスホールは誰もが通過するせいか、そしておそらく盗難防止のためもあるせいか、私

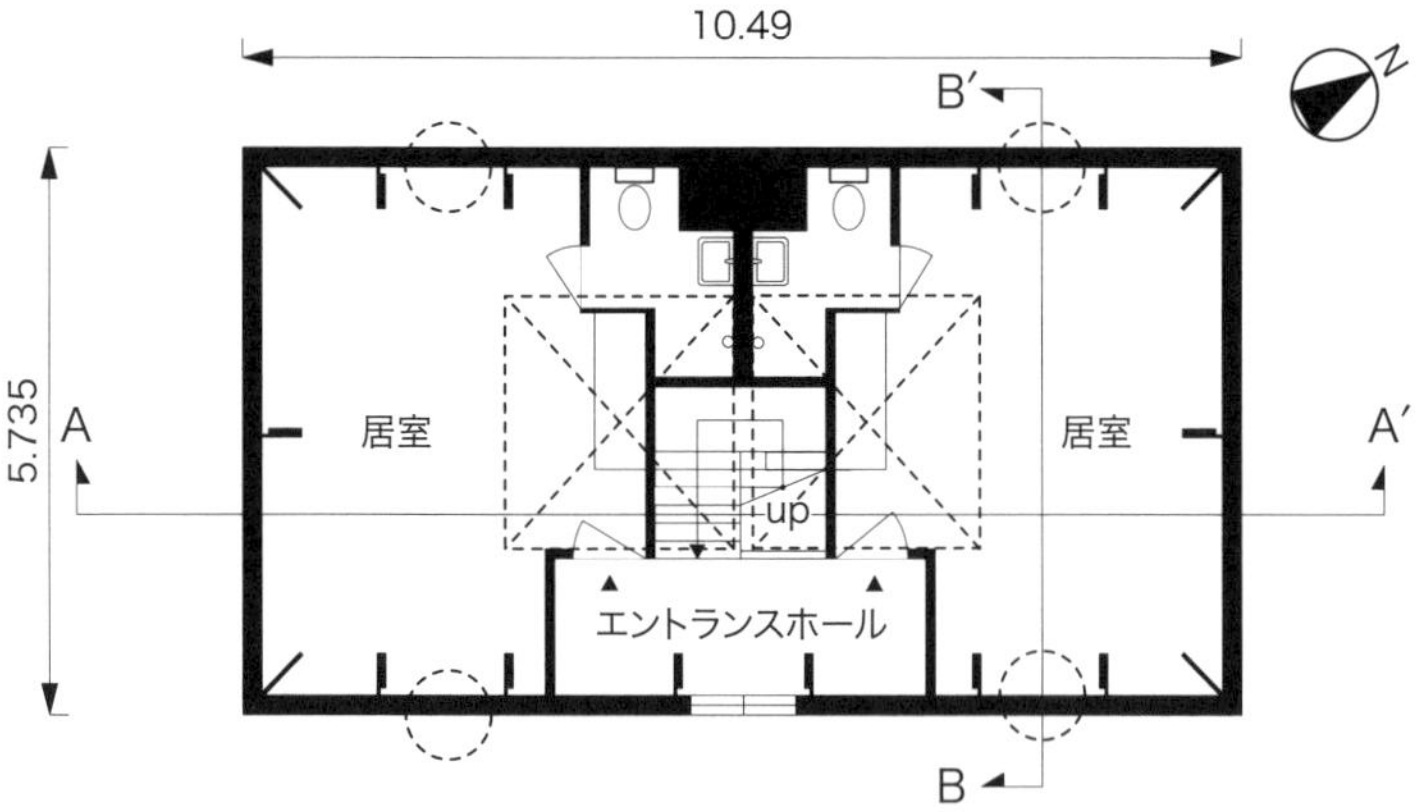

図 2－62　ハウトマン通り20番地　4 階平面図（点線はロフトを示す）

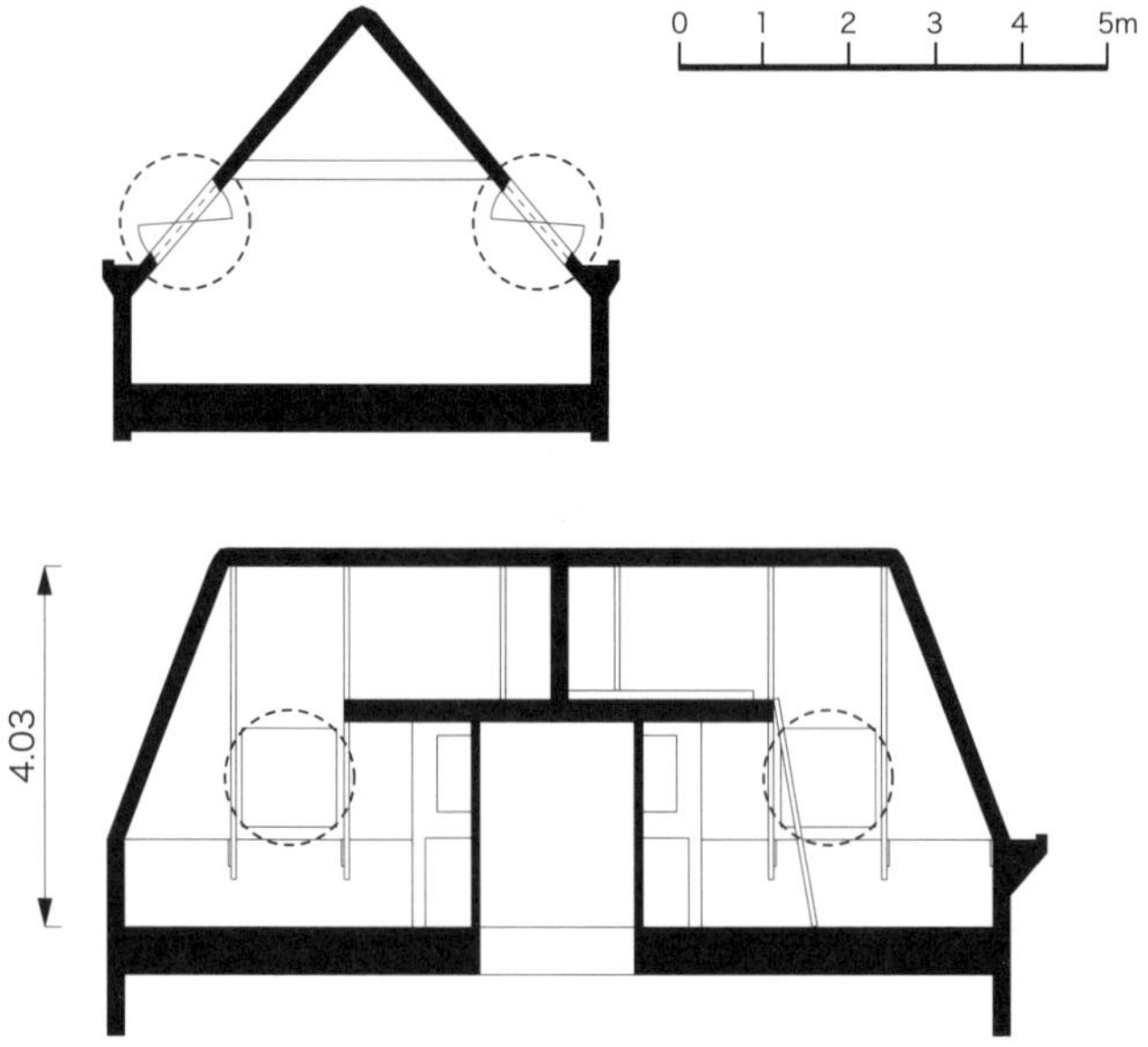

図2－63　同　断面図（上：A-A′，下：B-B′）

有物を置くことはめったに見られなかった。あえて挙げるならば、幾つかの部屋の入口に足拭き用のマットが敷かれているぐらいである。またはゴミ収集日の近くになるとゴミ袋が置かれていたりもする。住人の入れ替わりが激しいとのことなので、それほど住み込まれていないことも理由の一つであろうか。

最上階まで行き入口のドアを開けると、すぐにキッチンテーブルがある。まさしくワンルームであり、その上には梯子で上がるロフトがついており寝室空間として使った。室内は壁が床から約一メートル上がると傾斜し始め、まさしく屋根裏部屋といった感じである（図2‐58）。窓は屋根部分にあり、見える景色は空だけである。空には飛行機が一日を通してひっきりなしに飛び交っており、アムステルダムのスキポール空港がハブ空港であることが、この窓辺からよくわかる。

成熟した周辺環境へ

滞在した部屋がある住棟には幅広のヴェステル運河の水辺が面し、今も居住環境が非常に良い。現在は集合住宅棟が周囲に多く見られるが、かつては港湾施設の多かった地区だったことから、今も港湾地区が近所に残っており、港町であることをまだまだ実感できる。部屋の中にいてもどこかから船の汽笛がおぼろげに聴こえてくる。ハウトマン通りはアムステルダム中央駅から歩いて一五分ほどだが、都会のせわしなさを全く感じさせない。港町に感じられる、とてもゆったりとした空気が流れている。

この部屋の住人の方にお話を伺ってみると、外で過ごすことが気持ち良くなる夏のあいだはヴェステル運河の水辺のベンチで読書を楽しむそうで、休日ともなると沢山のレジャーボートが行き交う光景が見られるという。なかには自分の家から水辺へ椅子を持ってきて過ごしている人もいるという。また、

図２－64　現在のハウトマン通り

図２－65　ヴェステル運河

運河上の賑やかさも心地の良いものなのだろうか、読書をしていてもあまり気にならないそうだ。住人の方もここが非常に気に入っているそうで、こうした水辺とのつき合い方はとても理想的であり、何ともうらやましい限りである。

　建物の周辺環境はおよそ一五〇年間のあいだに成熟し、非常に気持ちが良くて人情味溢れる空間をつくり出している。夏になるとハウトマン通りに建つ一棟の壁一面をカエデが覆って緑の壁をつくり出し、秋になると紅葉で壁は赤色になる。夜になるとカエデで覆われた壁はライトアップされる。完全に囲まれてはいないものの、どこか中庭的な雰囲気も漂うハウトマン通りは、夏の間は木々が青々と茂って緑のトンネルをつくり出す。通り沿いにある花壇には花が植えられ、小さいながら公園もつくられており、通り自体が狭いために車の往来もなく、まさしくヒューマンスケールの空間がつくられている。

III

不整形街区から整形街区へ　その空間構成

1　不整形街区

不整形街区とポルダーの関係

現在の地図で初期につくられた地区を見てみると、街区が非常に有機的につくられていることが分かる。なぜこのような不整形な街区を持っているのだろうか。これは、アムステルダムが位置する地域周辺の運河の流れ方やポルダー（干拓地）の形成のされ方によっている。

アムステルダム周辺地域の運河の流れ方と干拓地の形成のされ方は図3－1のようであり、この干拓地の形状にならい、干拓地の間を流れる運河沿いに住宅が建ち並んでいった。このように初期のアムステルダムの地区は、干拓地の形態がそのまま街区構造として残されている。ヴァルムス通りやニウェンダイクなどの主要な通りから入った路地沿いには小さな建築が建ち並び、間口は三～五メートルほど、そして奥行きが最小でおよそ五メートルといった驚くべき極小空間がつくられていった。

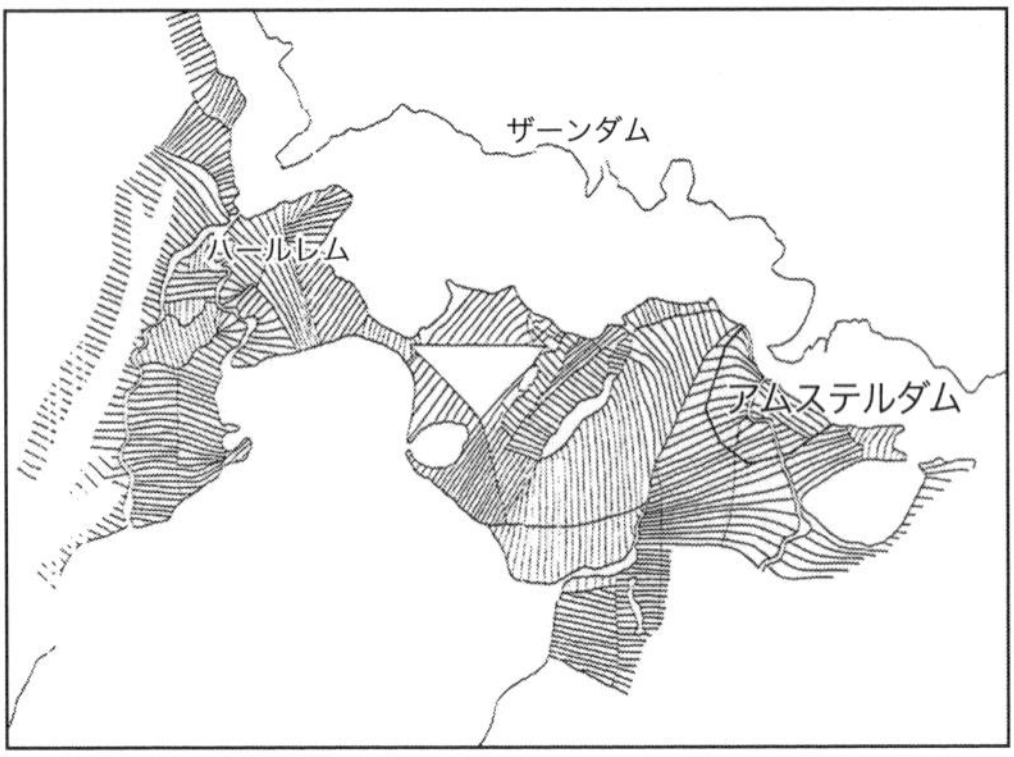

図3－1　アムステルダム市周辺の初期の干拓地（ポルダー）

こうした極小空間の半分以上が現在は売買春地区である飾り窓地区に存在している。

その中に建つ建築は、敷地に影響されるように斜め後ろ方向へ伸びている。通りから一見すると側壁が正面の壁面に対して後方へ直角に延びていると考えてしまいがちだが、アムステルダムの都市住宅においてはその考え方は早計であって、側壁が正面の壁面に対して斜め後方へ延びている例が幾つもある。特にアムステル川の西側（ニウェザイス地区）の街区構成は非常に興味深く、一街区が弓のように湾曲している。このように、通りからはうかがい知れない、非常に面白い空間構成がアムステルダムの都市住宅には隠されているのである。

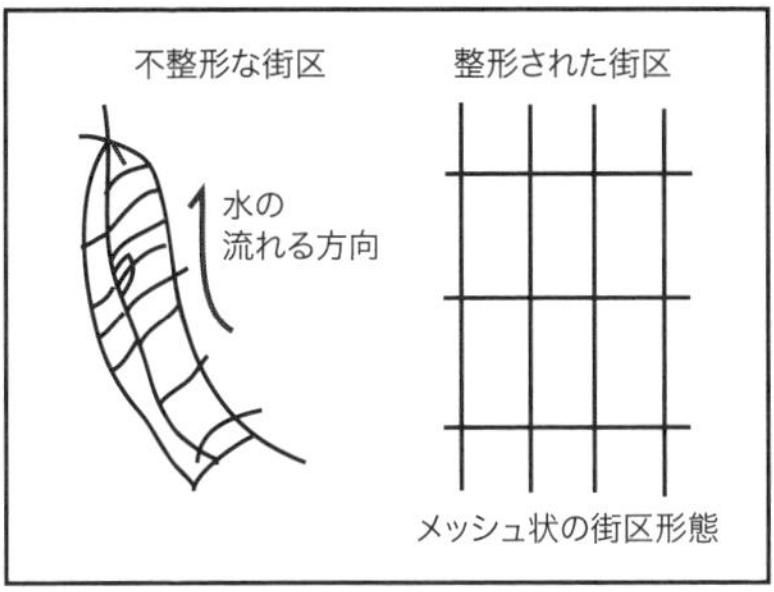

図３－２　不整形街区と整形された街区

不整形街区と土地の関係

市内で最も古い通りであるヴァルムス通り（Warmoesstraat）を挟んで旧教会側の敷地割りが、不規則で路地も多く走っているのに対し、反対側のアムステル川に面した敷地は比較的均等に割られていることが、一九世紀の地籍図から見て取れる。現在の地図で見ても、旧教会側にある敷地の間口幅は四〜五メートルが多いなかで三メートルの間口しかない敷地も見られ、不ぞろいである。それに対して河岸側の敷地はおよそ五メートルの間口幅で統一されている。奥行きに関しては、旧教会側のほうは数値が統一できないほど大きな差が見られるが、河岸側はヴァルムス通りから裏手の水辺までの数値である約三〇メートルで統一されている。この違いは何によるものだろうか。

アムステル川と南北に平行に走り、旧教会が背後に控えているヴァルムス通り沿いには、交易が盛んになる前の初期のころは多くの職人たち、特にベーコンや鰊《にしん》の燻製などの加工品を取り扱う人々が多く住んでいた。交易が盛んになった後のしばらくの間はヴァルムス通りの住民たちの大多数が様々な手仕事と交易に関する仕事に従事していた。* しかし、ダム周辺での交易活動が活発になるにつれ、職人たちの住む土地は次第に貿易商人の手に移り、一部の職人たちはこの通りから姿を消していった。商人たちは旧教会側よりも河岸側に多く住みながら貿易業を営み、通りは徐々にアムステルダム市内で強い発言権を持つようになり、旧教会側（東側）の土地を購入して他人にその土地を貸していた。

＊ 一六世紀中期当時、アムステルダム市民のなかで職業が判る者は、商人、職人、自由業その他であった。商人のうち、最も多いのが貿易業であり、次いで行商人、穀物商人、といった順だった。職人は皮なめし業に就くものが最も多く、次に金細工業、板金業、ロープ製造業、ガラス製造業、靴製造業など様々な職人たちが活動していた。自由業では、法律家、公証人、薬屋などであった。その他、宿泊業が含まれた。このように、様々な職業に就く市民が当時のアムステルダムの社会を支えていた。

初期のヴァルムス通り付近の土地利用の様子を知るため、一三四二年ごろの市内のようすを描いた古地図を見てみると、河岸側に住んだ人々は市壁いっぱいまで土地を所有していたようで、通り沿いに建物を建ててその裏は裏庭として利用していた。一方で旧教会側は、通り沿いに建物が建ち並んでいたが、その裏は細かく敷地割りがなされており、あまり私的な大きな土地を持つことができなかったようである。一五五七年当時はヴァルムス通りを挟んで旧教会側（東側）の約七五パーセント、そして河岸側（西側）の約八〇パーセントが持ち家だった。つまり、河岸側の住人のなかには古い時代から住んでい

図3-3　ダムラック添いのようす

た人々や比較的権力を持っていた人々が多く、よって広い裏庭のある河岸側の土地のほうが地価が高かった。そのため、その後の都市計画の変更に影響されることなく古い街区や敷地割りの形態を残すことができたのではないだろうか。一方、旧教会側のほうは、後世になって敷地割りの変更が行われ、不規則な寸法の間口を持った建築が建ち並ぶ空間が形成された。建物の裏の空間が細かく割られていたことや、河岸側よりも貸地が多かったことを併せて考えると、住民が入れ替わる率が旧教会側のほうが高く、その時の状況に合わせて敷地割りを行っていた、つまり貸地のオーナーが自由に敷地割りを変更していたため、不規則な間口が並んだ空間になったのだと考えられる。

水辺に顔を向けた建築

アムステルダムには、ヴェネツィアや江戸・明治期の日本橋の河岸のような水辺に建つ建築が少なからず存在する。水辺に建つ建築をよく見かける場所は、初期につくられた地区に集中しており、その多くは当時の面影をよく残している。

アムステルダムの水辺に建つ建築はどのようなロジックをもって計画されたのだろうか。ここではアムステルダムを走る堤防（ダイク）に注目しながら、そのロジックを探っていこうと思う。

ヴァルムス通りとゼイダイクはともに堤防上につくられた通り（ここでは、「堤防通り」と呼ぶことにする）である。ヴァルムス通りやゼイダイクと関係の深い運河がダムラック（Damrak）、オウデザイス・フォールブルフヴァル（Oudezijds Voorburgwal）およびオウデザイス・アハテルブルフヴァル（Oudezijds Achterburgwal）であり、いずれの運河も堤防の裏を流れ、「通り（堤防）〜建築〜運河」という空間をなしている。ヴァルムス通りとゼイダイクはその裏を流れる運河よりも高い位置を走っており、その高低差は建物の一層分に相当する。ヴァルムス通りの西側の敷地はアムステル川の水際まで伸びており、現在建物が水に接して建っている。ここでも「通り（堤防）〜建築

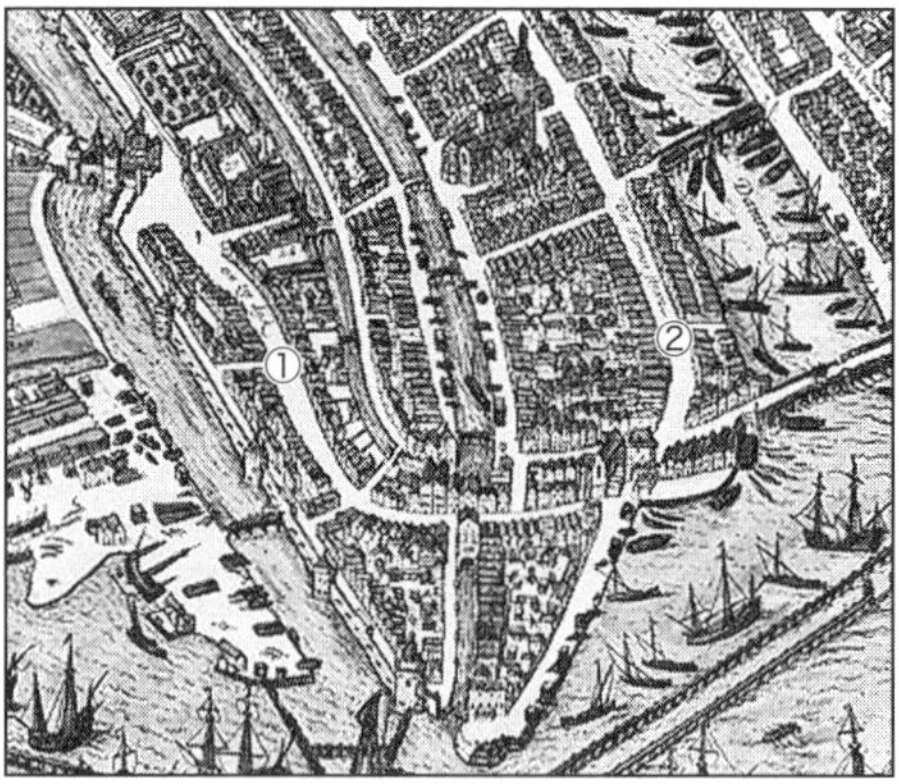

①ゼイダイク　②ヴァルムス通り

図3-4　16世紀のヴァルムス通り周辺

図3-5　ザーンダムのまちを走る堤防通り

～運河（この場合はアムステル川）」という空間構成が取られている。

オランダの田園地帯へ足を運ぶと、堤防通りを今でもよく目にすることができる。小さな町から小さな町へ行くときには決まって堤防通りを走って移動する。

堤防通りとそれよりも低い位置にある干拓地、そして堤防通り沿いの建築物。こうした空間構造はオランダの低地につくられた水辺都市の原風景といって良いだろう。

ここで、一五世紀の古地図（五五頁・図1－23）に描かれたヴァルムス通り周辺の様子に注目してみよう。通り沿いに建築が建ち並ぶのとは対照的にアムステル川沿いの水辺にはまばらに建つ建築があるものの、空地がより多く見られる。それ以前より河岸側の土地は私的性格が強かったことから、おそらくそのあたり一帯は公に使われた河岸ではなく、ヴァルムス通り沿いに居を構える人たち専用の空間だったと思われる。古地図上で水辺に多くの船が停泊していることから判断すると、一五世紀の貿易商たちは仕事をするためのオフィスをヴァルムス通りの河岸側に設け、専用の船を横づけにしながら貿易の仕事に携わっていたのではないだろうか。

アムステルダムにおいて初めから水辺に建物を建設することはなかったが、その後の人口増加によって居住空間が必要となり、ヴァルムス通りに面していた建物は川のほうへと増築が進み、水辺の空地や河岸はだんだんと姿を消していった。通りと川の高低差は一層分ほどあるため、通りからは地下室（時には半地下）、しかし水辺からは一層目と思える興味深い空間構成が生まれた。今でも川沿いに建ち並んだ建築には、一層目に大きな開口部が残っており、屋外の河岸空間は失われたものの、その開口部を通して荷物の出し入れが行われていたようである。ヴァルムス通りは商店の建ち並ぶ通りであったので、江戸の魚河岸で見られたような表通り側に店舗が入った店舗つきの蔵のような構造をしていたのではないだろうか。つまり、水辺に近い階で物資を荷揚げし、ヴァルムス通りという表通りに面した一階部分で商売していたのではないだろうか。

ウトレヒトに見られる水辺空間の面白さ

オランダの古い町のほとんどは水との結びつきが強く、水辺のデザインが町の歴史を物語るケースが多い。その例として、ウトレヒトという都市を挙げたい。

ウトレヒトの水辺は、アムステルダムとは異なった空間を形成している。ウトレヒトの水辺の空間構成を前述のアムステルダムのダムラックに沿った水辺の建築の空間構成と併せて考察してみよう。

アムステルダムの場合、地下水が走るレベルの高さをまず考慮に入れなければならない。地下水の高さよりも低い位置に建物を建てることは当時の技術から考えて不可能とされ、地表から一・五メートル下を走っていた地下水のため、そのレベルから上へ空間がつくられた。再下層につくられた部屋は湿り気のある空間であるため、日常生活には不適であり、主として物置や厨房などの空間に利用された。また、水に対する恐怖から道路は運河よりも高い位置につくられた結果、通り側には地下階の壁が地面からおよそ一〜一・五メートルほど上に現れ（半地下階）、反対側の運河沿いには地下階の壁面が完全に見える空間が生まれることになったのである（図3-8上）。しかし、前述したように当初は運河沿いには建物は建っていなかった。その後増築が進み、水際まで建て込まれて行ったのである。

一方、ウトレヒトの町はアムステルダムよりも内陸部に位置し、固い地盤の上に町ができている。ウトレヒトの中心部を流れるオウデ運河は、「旧（＝オウデ）運河」という意味からも分かる通り、町の初期からある運河である。運河沿いの河岸は通りよりも低い位置に設けられ、アムステルダムとは異なる。河岸に沿ってかまぼこ形の開口部が並ぶ地下空間がつくられた。運河沿いの河岸はその頭上を走る通りと分離しているため、完全に人に解放されている場所であり、非常にゆったりとした空間を現在まで保ち続けている（図3－8下）。

オウデ運河沿いの開発がどうだったかというと、土地の所有問題がその時の都市計画の際に絡み合っており、運河沿いの河岸が生まれた理由は以下の通りである。その昔、運河と住宅との間に広い道路を建設する計画が立てられた時に、そこの地主たちが道路下の地

図3－6　ウトレヒトで見られる運河沿いの建物

図3－7　ウトレヒトのオウデ運河では昔，橋の上で魚市場が開かれていた

下部分の所有権を主張した。その結果、建物から運河までの間にかまぼこ型の開口部を持つ空間が掘り抜かれ、人々はそこを倉庫として使用した。そしてその上に道路がつくられた。

もしも地主たちが土地の所有権を主張していなければ、運河や河岸、それらよりもレベルの高い道路と建築という空間の図式が成り立っていただけだという可能性もあり、道路下の倉庫の空間は存在しなかった。現在はその道路下の空間はレストランやカフェ、そしてショップとして使われていることが多く、レストランやカフェとして利用しているところでは、水辺をより近くに感じながら食事を楽しむことが可能である。そういった空間はやはり誰にとっても魅力的に思えるのだろうか、非常に人気の高いスポットである。また、現在オウデ運河沿いには定期的にマーケットの屋台がずらりと建ち並び、水辺を彩っている。

二つの都市の空間性の違い

アムステルダムでは「運河〜河岸〜建築〜通り」という空間構成から「運河〜建築〜通り」という空間構成に変わり、それに対してウトレヒトでは「運河〜河岸〜通り（上部）／倉庫（下部）〜建築」という空間構成を有している。どちらの場合も初めに運河と河岸が設けられているが、異なるのは建築と通りのどちらが水辺に近いか、ということである。アムステルダムでは水辺に近いところに建物が建てられ、一方ウトレヒトでは通りを水辺に近いところに建設した。アムステルダムはウトレヒトよりも内海（ザウデル海）に近いために交易活動と非常に強く結びついており、市内の舟運も盛んに行われていたと思われ、したがって水辺に近いところに道路建設する必要性がウトレヒトの街に比べると低く、代わりに住宅などの建築物が建てられたものだと考えられる。

　ウトレヒトのオウデ運河沿いの建物のなかには水際に建つものもあり、運河と通りに挟まれた形式を取っており、アムステルダムのそれと類似している。しかし空間的に異なる点を挙げるとするならば、ウトレヒトの場合はアムステルダムに比べると地下水のことをあまり気にする必要がなかったので、アムステルダムの場合のように通りから見て半地下になるといった事はほとんど見受けられない。

　ここで鍵となるのはやはり水との関係であろう。地下水が走るレベルがアムステルダムの建築物に影響を強く与えることとなった。内陸部のウトレヒトではそういった心配がなかったため、比較的思い切った水

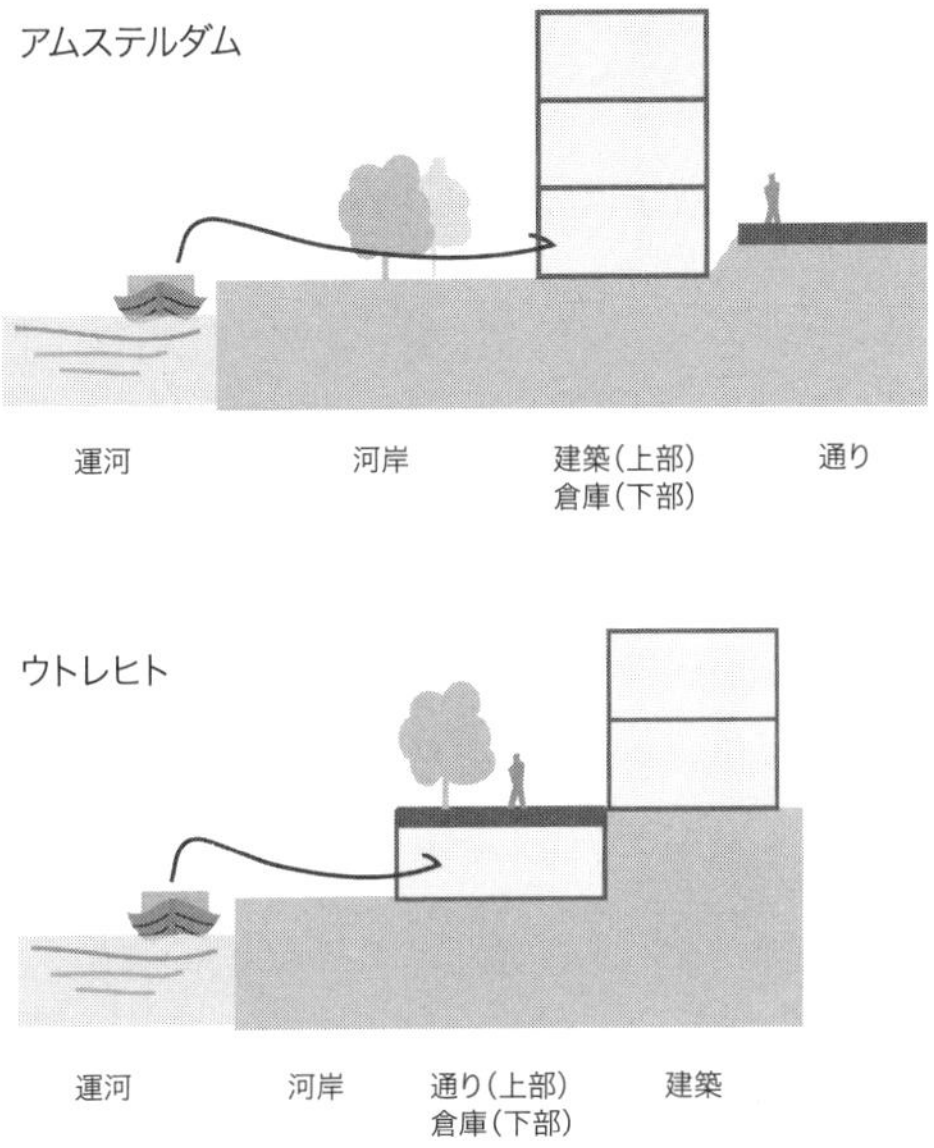

図3-8　アムステルダムとウトレヒトの水辺の空間構成

図3-9　ドルドレヒトの中心部でみられる堤防装置の１つ

際の空間づくりも可能だったのである。

話は少しそれるが、アムステルダムと同様に低地につくられたドルドレヒトの町を訪れる機会があり、中心部の目抜き通りは堤防通りであった。川と平行に堤防通りが走っており、通りから横に坂を下るように傾斜した細い路地が設けられ、そこから川へ近づくことができる。その路地で面白い装置を発見した。それは、万が一川が増水した場合に水の浸入をブロックするためのものである。日本であれば、浸水した際に土嚢を積むなどして水の浸入をブロックする場合があるが、オランダの水辺都市においては都市空間のなかにすでにそうした装置が用意されているのである。

2 旧教会前の花屋さん——ヴァルムス通り八三番地

市内最古の目抜き通り沿いの住宅

旧教会（Oudekerk）周辺には、カフェや様々な商店、そして売買春地区として知られている「飾り窓地区」がある。しかし古地図から判断する限り、初期の旧教会周辺はヴァルムス通りに面する建物が存在せず、何もない広い空間が広がっていた。また旧教会自体も現在のものと比べると小さかったようである。今とは違って教会の周囲には木々が植えられ、さらに囲いの柵が立てられて通りとの境界が判別できる（図3−11）。その後、旧教会は大規模なものへと改築され、教会と通りのあいだの空間には一五世紀に入ってから建て込みが進んだ。ここでは、旧教会の近所に建てられた住宅例としてヴァルムス通り八三番地の住宅を見てみよう。オランダに残る歴史的建築物（主に住宅）を保存する機関であるヘンドリック・デ・カイザー財団によって、一五世紀からの住宅の図面が記録されており、それを参照しながら話を進めていきたいと思う。

繰り返された増築

この建物は、ヴァルムス通りとそこから旧教会へ抜けるエンゲ・ケルクステイヒ（Enge Kerksteeg）という路地がぶつかる角地に位置している（図3－14）。

当初（およそ一四〇〇年）は木造住宅が建てられていたが、一五世紀に初めて定められた木造住宅建設を禁止する条例により、この建物もレンガ造への改築が求められることとなった。しかし、レンガ造よりも木造のほうが建設費を安く抑えることができたため、なかなかレンガ造の住宅へ移行することは難しかった。そこで考え出されたのが正面をレンガの壁面で覆うことによってレンガ造住宅に見せかけることだった。その際、レンガの薄壁は鉄製のかすがいによってその裏の木

図3－10　赤いランプが特徴的な飾り窓地区

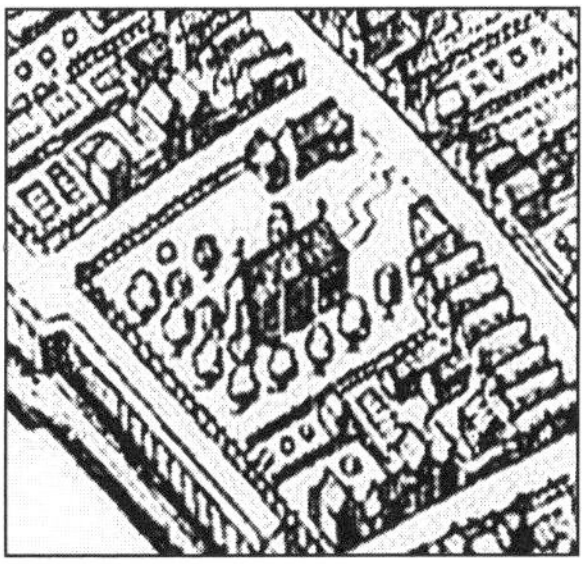

図3－11　14世紀の旧教会周辺

造の構造体（天井梁）に打ちつけられた。この住宅だけではなく、当時完全なレンガ造住宅へ改築することを渋っていた住宅のオーナーたちは、既存の木造住宅のファサードの上からレンガでつくられた薄い壁を貼りつけることによって条例の目から免れようとしたのである。この「貼りつけられた」薄いレンガの壁は構造の面では全く意味のないものであり、ただの飾りでしかなかった。今でもこのようなレンガの薄壁を前面ファサードにまとっている木造建築がアムステルダムの中心には幾つか存在している。

一五世紀後半に住宅が建てられた時、敷地内に井戸が掘られた。アムステルダムの地下水は地表から一・五メートル下を通っていたので、少し掘れば地下水にぶつかって水を得ることができた。一八五〇年ごろに水道が整備されるまで、アムステルダムの人々は井戸を掘ったり、もしくは水を買っていたりした。なかには樽を持ってザウデル海まで水を汲みに行く人もいた。井戸は個人で所有するか、または共同で掘って利用するかであった。

その後一六二八年にヴァルムス通り沿いに新しく住宅が建て替えられたが、現在の三分の二の奥行きしか持っておらず、一六三四年に後背の空地に増築がなされ、現在のエンゲ・ケルクステイヒ四番地（図3－15）に当たる土地にも建物が建てられた。旧教会に面するエンゲ・ケルクステイヒ二番地に当たる土地には、一五六五年にすでに建物が建てられていた。

一九世紀後半に入るころには再び増改築され、一階部分は店舗として使用されたのに対し、二階よりも上は居住空間として使用された。したがって、一階部分と二階以上では部屋の入口が別々に設けられることとなった。その当時の状況を表した平面図を見ると、きれいな長方形をしておらず、中央部分が凹んでいる。これは、増築を重ねた結果であろう。

図 3－12　角地に建つヴァルムス通り83番地の住宅

図 3－13　路地の向こうに見えるのは旧教会

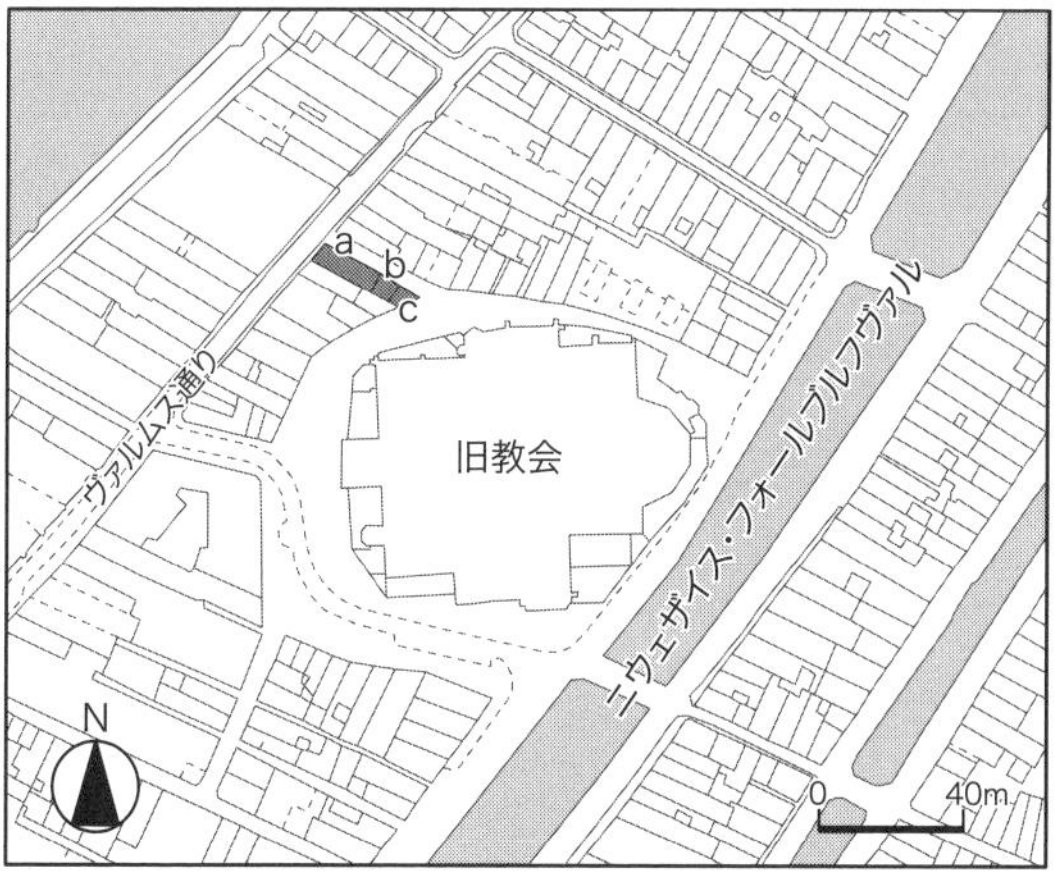

a ヴァルムス通り 83 番地
b エンゲ・ケルクステイヒ 4 番地
c エンゲ・ケルクステイヒ 2 番地

図 3－14　旧教会周辺図

複雑な内部空間

次に、建物のプランを見てみよう。前後に二つの空間を有しており、「フォールハイス」という地上階部分の通りに面した空間は、ヴァルムス通りが商

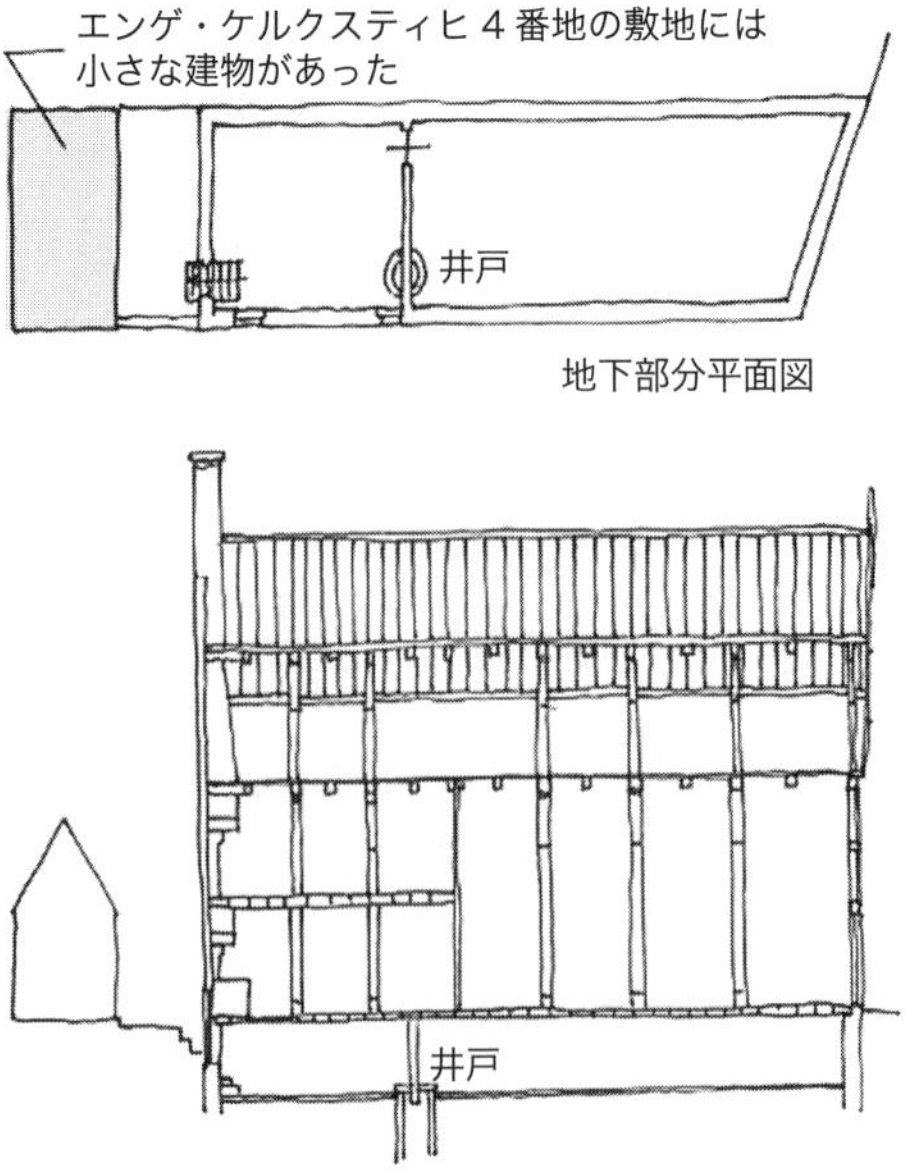

図３－15　旧教会前の家
ヴァルムス通り83番地の平面図と断面図（15世紀後半）

店の立ち並ぶ通りだという性格から判断して、通時商売のために使用されていたと思われる。また、上階へはフォールハイス内に設けられた螺旋階段を上ってアクセスできた。このフォールハイスは二層分の天井高を持つ吹き抜け空間であり、採光も十分であった。間仕切壁にあるドアを抜ければ、その奥にはリビングルームも兼ねていたと思われる部屋へ行くことができた。

一六二八年に建て替えられた時には奥行きが一〇メートルほどしかなく、前部のフォールハイスと後部の部屋はほぼ同じ大きさの空間だったが、一六三四年に後ろへ増築されることによって後部の部屋は二倍以上の大きさを持つ空間と変わった。

一六三四年にエンゲ・ケルクステイヒ四番地の部分（図３－16）にも新しい建物が建設された際、その後部は通気や採光のために空地が確保され、ヴァルムス通り八三番地に建つ住宅からもその空地へ行くことは可能だった。また、ヴァルムス通り八三番地とエンゲ・ケルクステイヒ四番地は内部でつながっており、基本的には同一の人物が所有していたと考えられ、エンゲ・ケルクステイヒ四番地の建物の一階部分をキッチンとして使用していたと考えられる。そしてヴァルムス通りの建物の後部がリビングルーム兼ダイニングルームとして使われ、住人たちは主に、日中はそこで生活していたと考えられる。

このように、時代が進むなかで幾度も増改築され、居住環境は段々と高密化した。今では建物がすっかり建て込んでしまっており、圧迫感すら感じられる現在の状況から考えると、歩いていても当時建物の裏側のほとんどが空地だった事など想像すらつかないが、当時は隣り合うエンゲ・ケルクステイヒ四

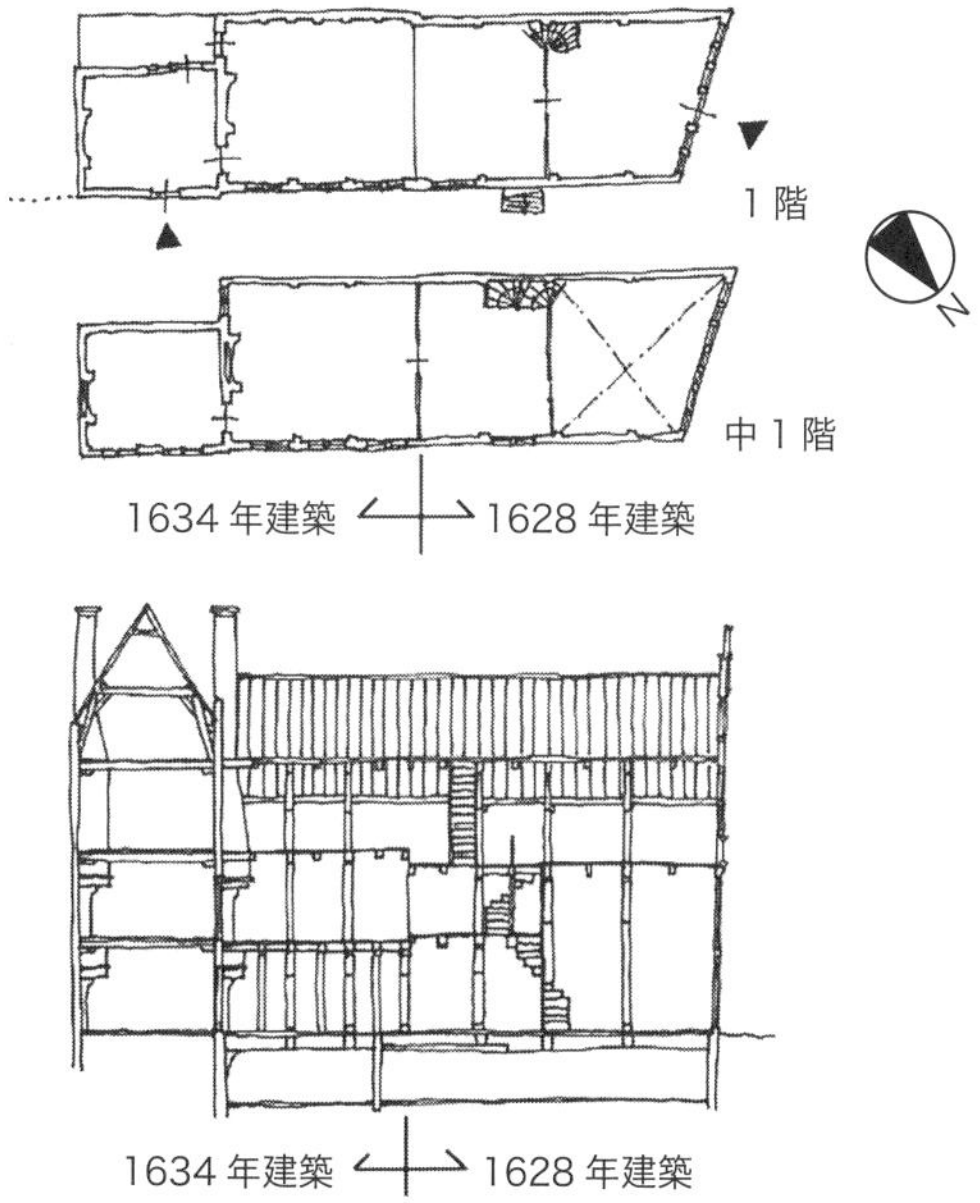

図3－16　旧教会前の家
ヴァルムス通り83番地，エンゲ・ケルクステイヒ4番地の平面図と断面図

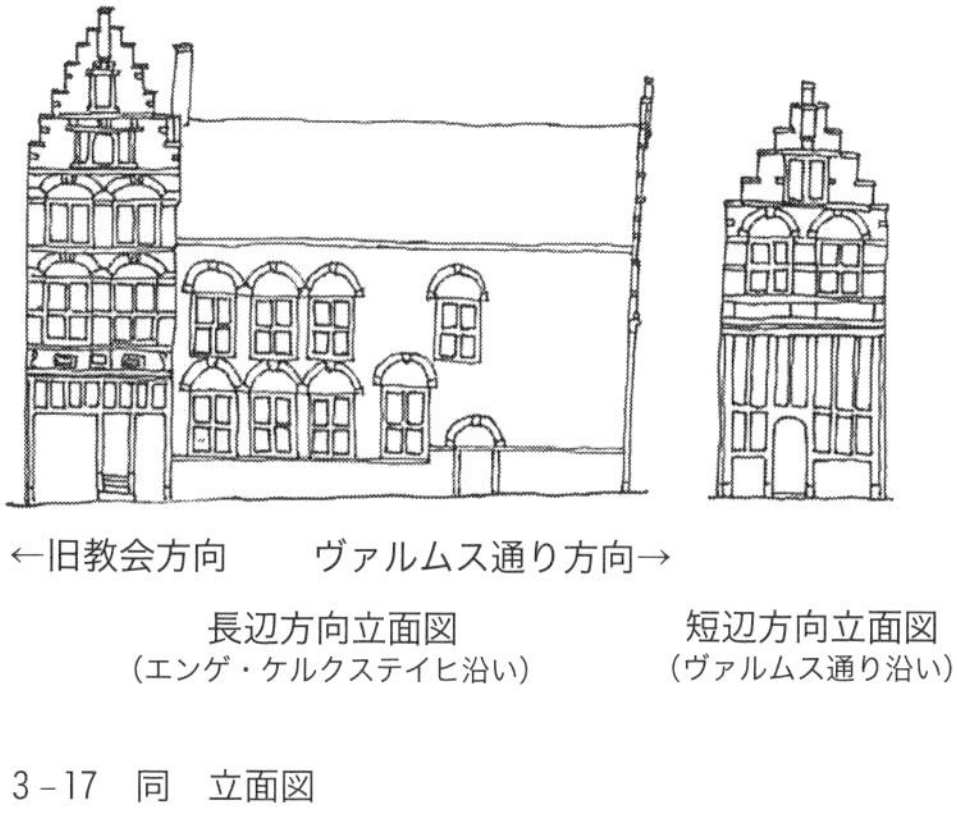

図3－17　同　立面図

番地には小さな建物が建っていただけだった。その後に旧教会側へ建て込みが進んでいったのである。こういった住宅の例は、おそらくヴァルムス通り周辺の古い街区では比較的多く見られるものであろう。町ができた当初はまだ空きの多い旧教会周辺だったのが、人口が増加し、そして多くの商人たちがヴァルムス通り沿いにオフィスを構えようとしたため建物が建て込んでいったのだと考えられる。

現在、この建物の一階部分は店舗として利用されており、花屋さんが営まれている。ヴァルムス通りに面した店先にはもちろんのこと、通りの脇のエンゲ・ケルクステイヒ沿いにも沢山の花が置かれ、旧教会へ向かう路地を色彩豊かに飾っている。

3 整形街区

アンバッサーデ・ホテル——都市計画術の芽生えと確立

一五八五年から九三年にかけて行われた市域の拡張によってシンゲルとヘーレン運河の間につくられた地区の一角に、ここで取り上げるアンバッサーデ・ホテルがある。連続する八棟の住宅を一七世紀当時の雰囲気を極力残しながら改修し、建築間を隔てる側壁の一部を壊すことによって横方向に一体となった一つのホテルとして生まれ変わった。各建物の外壁が残されているので、外観からは内部が繋がっているとは想像し難い。ホテルの中に入って初めて、隣り合う八棟の建物が一体となっていることが分かるのである。

最初に建物が建設された時は、オランダ独立戦争の真っただ中で、アントヴェルペンがスペインの手によって陥落し、そこで活動していた商人たちが一気にアムステルダムへ移住してきたころでもある。また、いろいろな科学技術が発達し、都市計画に関する意識も高まり、より合理的で美しい都市とはどのようなものかという事が模索され始めたころである。そのころにつくられた地区の空間構成はどのようなものだったのだろうか。

アンバッサーデ・ホテルのある場所の敷地割りを考察するために参考になるのが図3－19である。ホ

図3－18　アンバッサーデ・ホテルの周辺

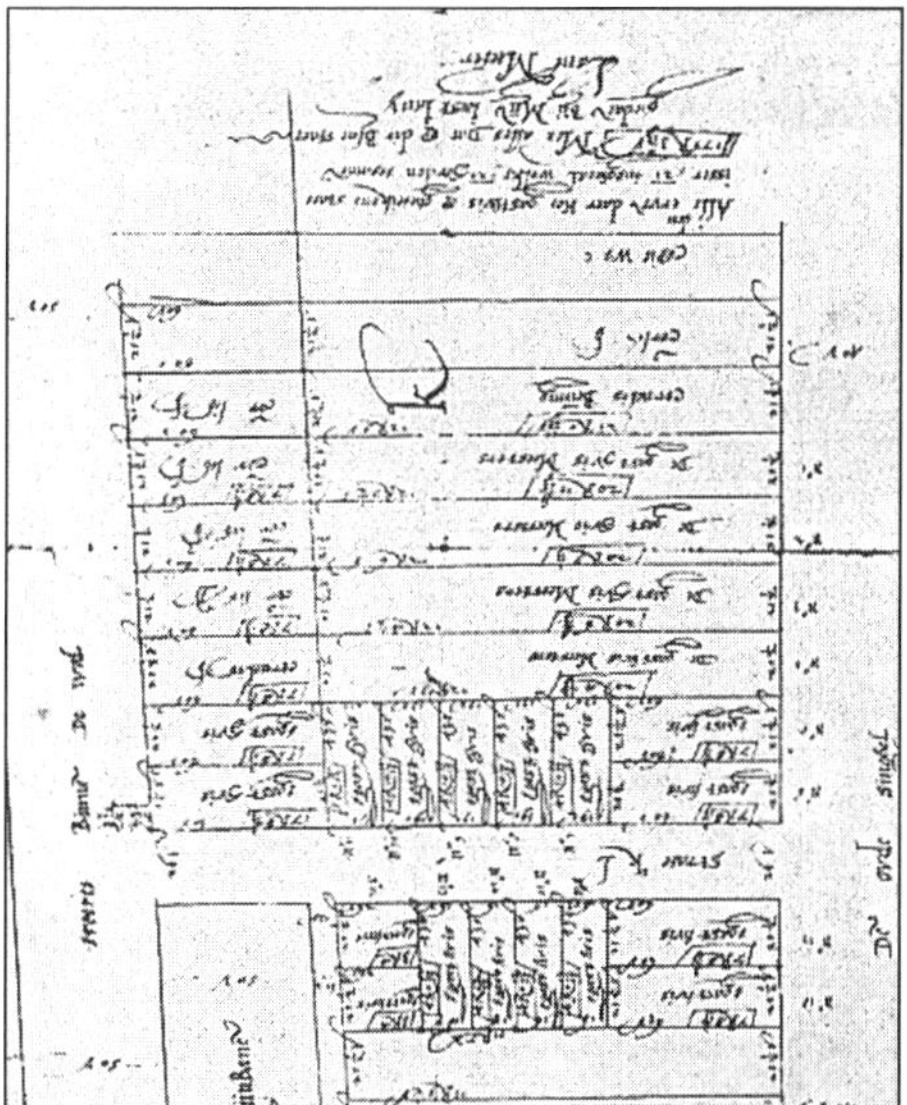

図3－19　シンゲルとコーニングス運河の間の敷地割を描いた計画図．左側がコーニングス運河に，右側がシンゲルに面し，背割り線がコーニングス運河にかたよっている

テルは、図のように右側のシンゲルと左側のコーニングス運河（後のヘーレン運河だが、ここでは「コーニングス運河」と呼ぶことにする）に挟まれたところに位置しているが、両運河同士が非常に近いところを走っているので、運河に挟まれた土地の幅が非常に狭くなっている。その幅は街区によってまちまちではあるが、大体の場合において三〇メートル前後である。このあたりの敷地割図には、土地の購入者名も記入されている。この図から読み取れることは、シンゲル側に余裕を持たせて敷地割りを行っていることであり、つまり、背割り線がコーニングス運河沿いのほうにかたよって引かれている。その当時のコーニングス運河沿いは市壁に面した最も外側にあった場所であり、おそらく地価がシンゲル側と比べると低いものだったと考えられる。さらに細かく見てみると、コーニングス運河とシンゲルに挟まれた街区の背割り線の位置は、およそ五対二の割合でコーニングス運河にかたよっている。

図3-20　隣り合う建物はレベル差があるため，階段が設けられている

各々の建物によって変動が見られるが、シンゲル側の建物の奥行きはコーニングス運河側よりも大きく取られた。アンバッサーデ・ホテルの建つ街区でも同様の敷地割りが行われ、一七世紀前のヘーレン運河沿いには奥行きの非常に浅い建物が当時建てられたと考えられる。建てられた当時は裏に僅かばかりの空地もあったと古地図から見て考えられるが、後になって後方へ建て増しされ、街区内は非常に高密化していったと思われる。ア

図3－21　建物の裏につくられた小さな空間

図3－22　建物から運河を見下ろす

ンバッサーデ・ホテルのある街区も、他例にもれず、建物の裏の空間は空地がほとんどない、建て込みの進んだ様子を窓越しから見ることができた。そこには猫の額ほどの小さなテラスがあったが、周囲の背高な建物によって影ができてしまい、残念ながら陽当たりは良くないようである。

一方、図3－19において、間口幅は二一・五フィート、つまり約六・一メートルの大きさで割られている。アンバッサーデ・ホテルがある場所の間口幅も、多少の大小はあるものの、ほとんどが五～六メートルである。

環状運河に挟まれた地区の開発

一六一二年から二五年まで行われた都市拡張工事によってつくられた三つの環状運河は、市の中心からヘーレン運河（Herengracht）、カイゼルス運河（Keizersgracht）、プリンセン運河（Prinsengracht）と呼ばれ、各運河の幅は二五～二八メートルと大

右　図3－23　アンバッサーデ・ホテル
最上階の部屋の様子

図3－24　同　連続立面図

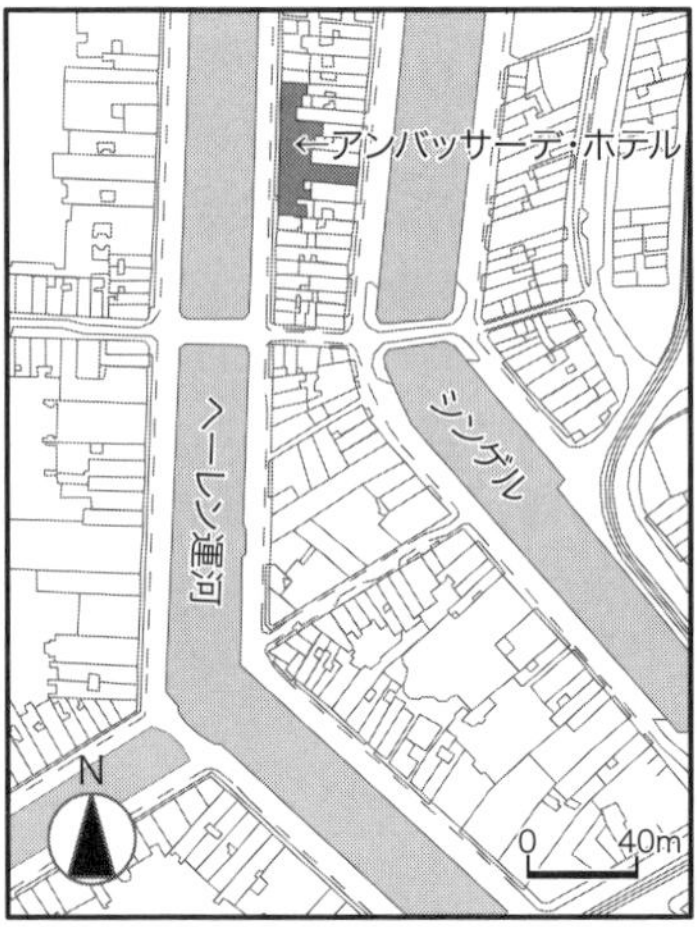

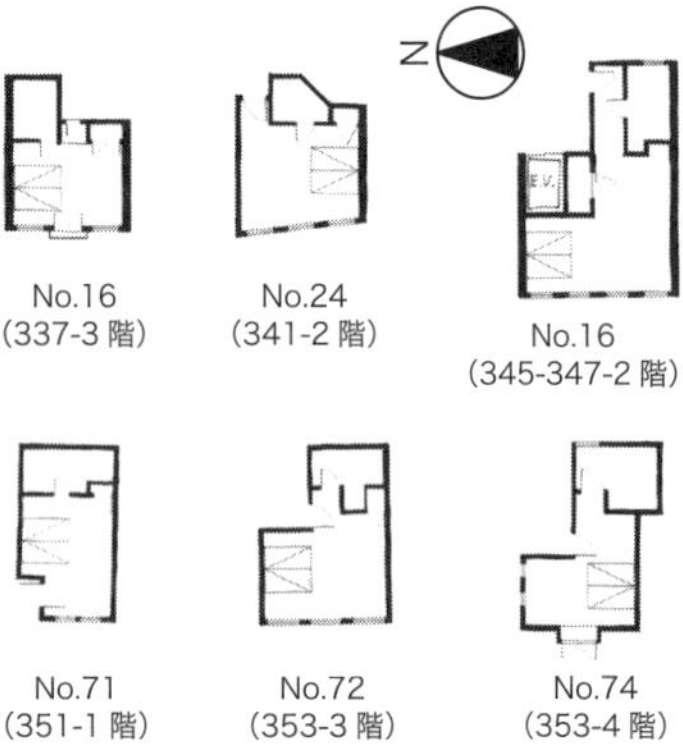

上　図3－25　同　平面図
左　図3－26　同　周辺図

きいものだった。その幅は、これら三運河よりも内側を流れるシンゲルの運河幅とほぼ等しい。シンゲルはもともと市を守る要塞運河としてつくられたので、シンゲルの幅が当時理想的であったと考えると、環状運河はそれをまねて建設されたと考えられる。ちなみに、前述のコーニングス運河はヘーレン運河に名称が変更された。

　三つの環状運河に挟まれ、南北に伸びるように新しくつくられた

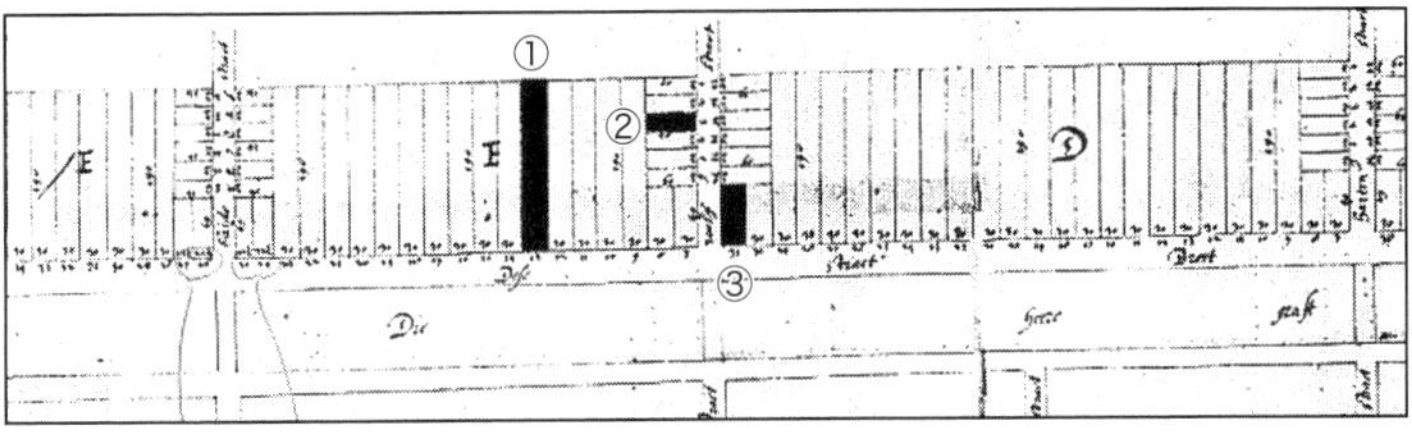

①運河沿いの敷地　②運河に直交する通り沿いの敷地　③運河に直交する通りの角地

図3－27　ヘーレン運河沿いの敷地割を表した図
（短冊状の土地の下に流れるのがヘーレン運河）

帯状の地区には、当時裕福な商人たちが主に住んだ。一つの街区における運河に対して直交する方向（東西方向）の幅は一〇〇メートルを越え、運河に沿って河岸を兼ねた道路が設けられた。シンゲルとヘーレン運河（かつてのコーニングス運河）の間につくられた地区の場合は、一街区における運河に対して直交する方向の幅が三〇メートルほどだったので、一七世紀に生まれた土地がいかに広大なものだったかが理解できよう。

この時代になると初期に見られた水際への建築はほとんど行われず、必ず建築と運河の間に河岸兼道路の空間が設けられた。水辺に面した通りには所々に木々が植えられ、水辺の美観も都市計画の一部として積極的に考慮に入れ始められた。さらに、運河に対して直交する方向にも道路が配され、これらはダム広場から市の外郭部をつなぐ道路だった。

こうした結果、グリッド状の強い街区がいくつもつくられ、各街区の南北側に通りが面し、東西側に運河と河岸が面する、という構造ができ上がった。

たとえば、この時期に造成されたヘーレン運河とカイゼルス運河の間の土地を見てみよう（図3－27）。ヘーレン運河の西側部分はもともと市壁があったところで、市内が拡大されるにあたってその市壁が壊されたところに生まれた土地だった。非常に正確に敷地が割られ、「パルセ

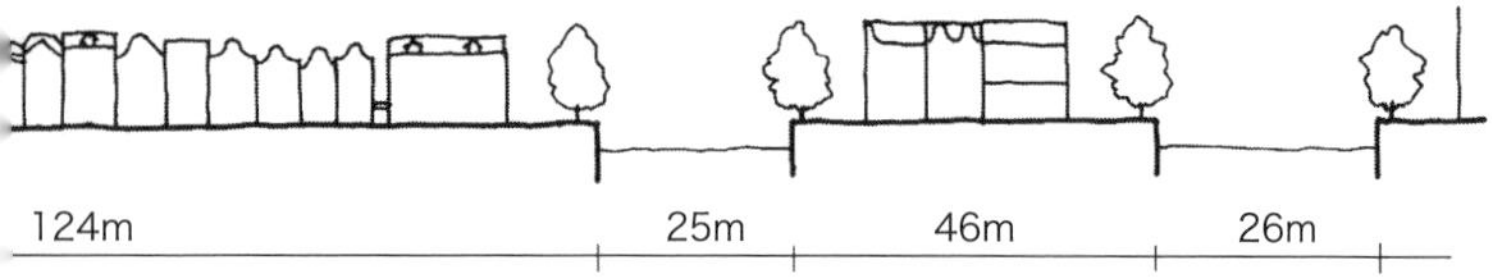

ル（parcel）」と呼ばれた各敷地を、当時の市民たちは購入して建物を建てた。敷地割を行う際は、図から判断する限り、運河に対して平行方向に、そして土地の両側を流れる運河に対して均等になるよう中心の位置に、背割り線が引かれた。この場合、ヘーレン運河沿いの敷地の長手方向の大きさは約五三・八メートルであり、間口幅は約五・七メートルで統一された。一方、運河に対して直交する通り沿い、もしくは運河と通りがぶつかる角地の部分には、奥行き幅の小さい敷地がつくられた。この計画図上の運河沿いの土地は一六一四年一月に売りに出され、それと同時に通り沿いの土地も競売にかけられた。一七世紀につくられた、裕福な商人たちが主に住んだこの「高級住宅街」の一般的な街区構造とは、環状運河沿いに住宅建築が主に建ち並び、運河と直交する通り沿いに店舗などが入った建築が建ち並ぶ、といった機能分離を成していた。

開発の転換点となった一七世紀

シンゲルとヘーレン運河の間につくられた地区と、三つの環状運河（ヘーレン運河／カイゼルス運河／プリンセン運河）に挟まれた地区との相違は、前者における土地の造成の仕方がまだまだ中世の方法を引き継いでいたのに対し、後者では完全なる計画性を持って造成されたことである。

横幅が狭い街区構造というのは、それ以前につくられたオウデザイス地区やニ

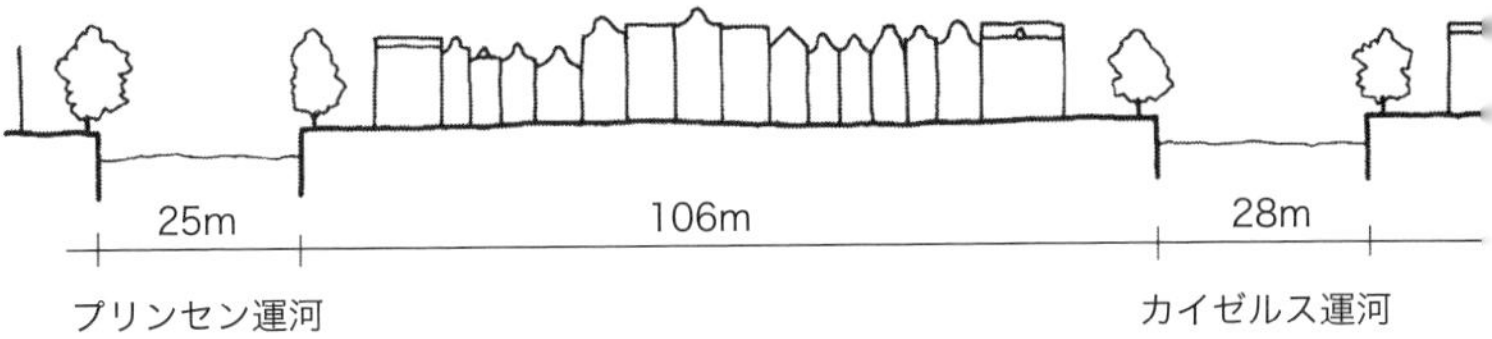

図3-28　シンゲルからプリンセン運河までの連続立面図

ウェザイス地区といった初期（中世）につくられた地区内のものと似たところがある。しかしニウェザイス地区は通りや運河に対して建物が斜めに建つことが多く、これはもともとポルダーの形状によることが大きい。しかし、シンゲルとヘーレン運河に挟まれた地区は横幅が狭いながらもその中の建築はきっちりとした都市計画が行われており、その後の一七世紀に行われた都市計画へと引き継がれる要素を含んでもいる。つまり、土地の造成の仕方は初期のころの方法を踏襲していながら、その上物《うわもの》である建築を含む都市計画の手法に新しい試みが見出せるのである。それは当時の航海術の進歩から来る測量術の向上の賜物であり、このような正確な寸法のもとで行われる都市計画がその後のアムステルダムの都市計画へ、整形街区の誕生へと引き継がれていくのである。

測量術の発展に加えて干拓に関する技術が向上したことも大きい。一六世紀から一七世紀にかけて貿易活動がより盛んになり、造船業が発達するのと同時に風車の技術も発達し、それによって風車は干拓事業や産業にも大きく貢献した。乾いた大地をつくるために風車を使って地中に含まれる水分を追い出し、それまでの市内の大きさに等しいぐらいの土地を一七世紀初めの計画によってつくり出し、そして均等に敷地を分けていったのである。

4 ホテル・ピューリッツァー

多種な産業が入り混じった周辺環境

ホテル・ピューリッツァーのある街区は、一七世紀に建設された三本の環状運河のうち、カイゼルス運河とプリンセン運河に挟まれており、南側にレイ通り（Reestraat）が走り、北側には一六三一年完成の西教会と教会前広場（現在のヴェステルマルクト〈Westermarkt〉）が面している。一六一四年にこの街区の敷地割りが行われ、短冊状の土地（パルセル）がつくられた。分割された敷地はほぼ同一の寸法を持っており、間口幅は二〇フィート（およそ五・七メートル）である。正確に分割された各敷地を、当時の裕福な商人や職人などが購入した。現在ホテル・ピューリッツァーがこの街区の半分を占めている。

一つの街区の中では、様々なそして非常に複雑な土地所有が行われていたようで、数百年の月日の重さを感じずにはいられない。ホテル・ピューリッツァーのある街区のプリンセン運河沿いには、昔は小麦の製粉所やマスタードの製造所、石鹸の製造所、紡績所などが建ち並んでいたという。プリンセン運河は三つの環状運河のうち最も倉庫がある割合が高く（当時は倉庫が中心だった）、加えてヨルダン地区に面しており、プリンセン運河のヨルダン地区側の河岸にはかつて多くの市場が立ち並び、商品が売られていた。運河には沢山の船が河岸につけられて市場への物資の供給も行われていた。

カイゼルス運河には立派なファサードを持った建築が建ち並んだのとは反対に、プリンセン運河は裏方的な性格の強い運河であり舟運活動が非常に活発に行われていた。こうした周辺環境の影響を受け、他の環状運河（ヘーレン運河とカイゼルス運河）よりも工場のような産業を支える機能を持つ建物が多く建ち並ぶ街区となった。

ホテル・ピューリッツァーの空間構成

ホテル・ピューリッツァーは、プリンセン運河沿いの九つの建物に加え、「サクセンブルグハウス」と呼ばれたカイゼルス運河沿いの庭園つき住宅と、その他二つの住宅からなる計一二棟の建物に、一七六室の部屋がつくられ、そしてレイ通りの隣り合う三つの建物に厨房とレストランがつくられたことに始まる。ホテルとして使用される以前、これらの住宅や倉庫は工科大学の収納施設として使用された後、取り壊しの危機にさらされた。しかし、幸いなことに一九七〇年にホテルとして生まれ変わることになった。

その後、一九八一年にレイ通り八番地の建物が加えられた。一九八五～九〇年にオランダ国内でホテルの需要が高まり、その波を受けてカイゼルス運河側の八つの建物が加わった。一九九七年にホテルの完全な修復プログラムが開始され、ロビーの拡張、部屋の増設（二五部屋増加）、スプリンクラーや空調設備の設置、全室の浴室の修復、インターネット接続を可能にするなどの工事が行われた。

ホテルとして使い始めた当初から各建物は個々に独特の特徴を持っていたそうであるが、現代的な心地よさは残念ながら持ち合わせていなかったので、古い建物の良さを可能な限り残しながら現代にマッチした空間をつくり出すことに努めたそうである。古い建物の特徴例として、建物内にあった一七世紀

図3－29　18世紀のホテル・ピューリッツァー周辺とプリンセン運河の様子

図3－30　ホテル・ピューリッツァー　正面入口

の住宅であることを示す梁が残されている。

　ホテルで最も特筆すべき点は、建物に囲まれた中庭である。カイゼルス運河とプリンセン運河をつなぐ回廊が中庭内を走っており、それによって三つの庭やテラスへ分けられている。緑豊かな庭園内にはテーブルや椅子、そして噴水やオブジェも所々に配されており、天気の良い日ともなれば多くの人々が中庭でくつろぐ様子が見られる。現在中庭として使われている空間も、街区がつくられた一七世紀当時は運河沿いに建つ住宅の裏庭として成立していたものであり、街区の中心あたりでその所有が分けられていたはずである。しかし所有者が大規模に土地を所有することによって裏庭は中庭へと変わり、建物の間に緑が生い茂る一体的な空間が誕生した。

光庭の性格が強い小さな中庭を介して、フォールハイスと呼ばれる運河側の建物とアハテルハイスと

図3−31　ホテル・ピューリッツァー　光庭を見下ろす

図3−32　同　室内のようす

呼ばれる裏庭側の建物が建つという形式を持つものが多く見られた。現在その小さな光庭は、そのまま光庭として使われているところもあるが、カイゼルス運河側の建物の光庭には隣接する建物をつなぐ通路が設けられており、光を取り入れるためにその通路は全体的にガラス屋根で覆われている（図3−38）。また、中庭にはイベント会場空間もつくられており、中庭との融合をはかった非常に雰囲気の良い空間のなかでパーティーなどのイベントが行われるようである。

図3−33　同　窓から水辺を見る

図3-34　ホテル・ピューリッツァー立面図

裏庭を大胆に使う現代の解決法

ホテル・ピューリッツァーのように、当初は仕切られていた裏庭を一体化することでより広い裏庭、もしくは中庭に変えて生活を豊かなものにしている例が、三本の環状運河内の街区では最近よく見られる。ホテルとしての利用例以外にも、隣接する建物の幾つかを合わせて集合住宅へ利用転換し、そしてそれらの建物の裏庭を分ける仕切りを外して庭を一体化している例があり、その数例を実際に見ることができた。そうして広い庭へと転換した裏庭は、その建物に住む人たちによって共有で管理されている。また、庭は各住人たちの個性が出る部分でもある。サマーハウスのある家（図3-40〜45）や、コミュニティをつなぐ家（図3-46〜53）のように、一体化された庭でありながら、もともとの敷地の幅ごとに異なった庭のデザインが施されてお

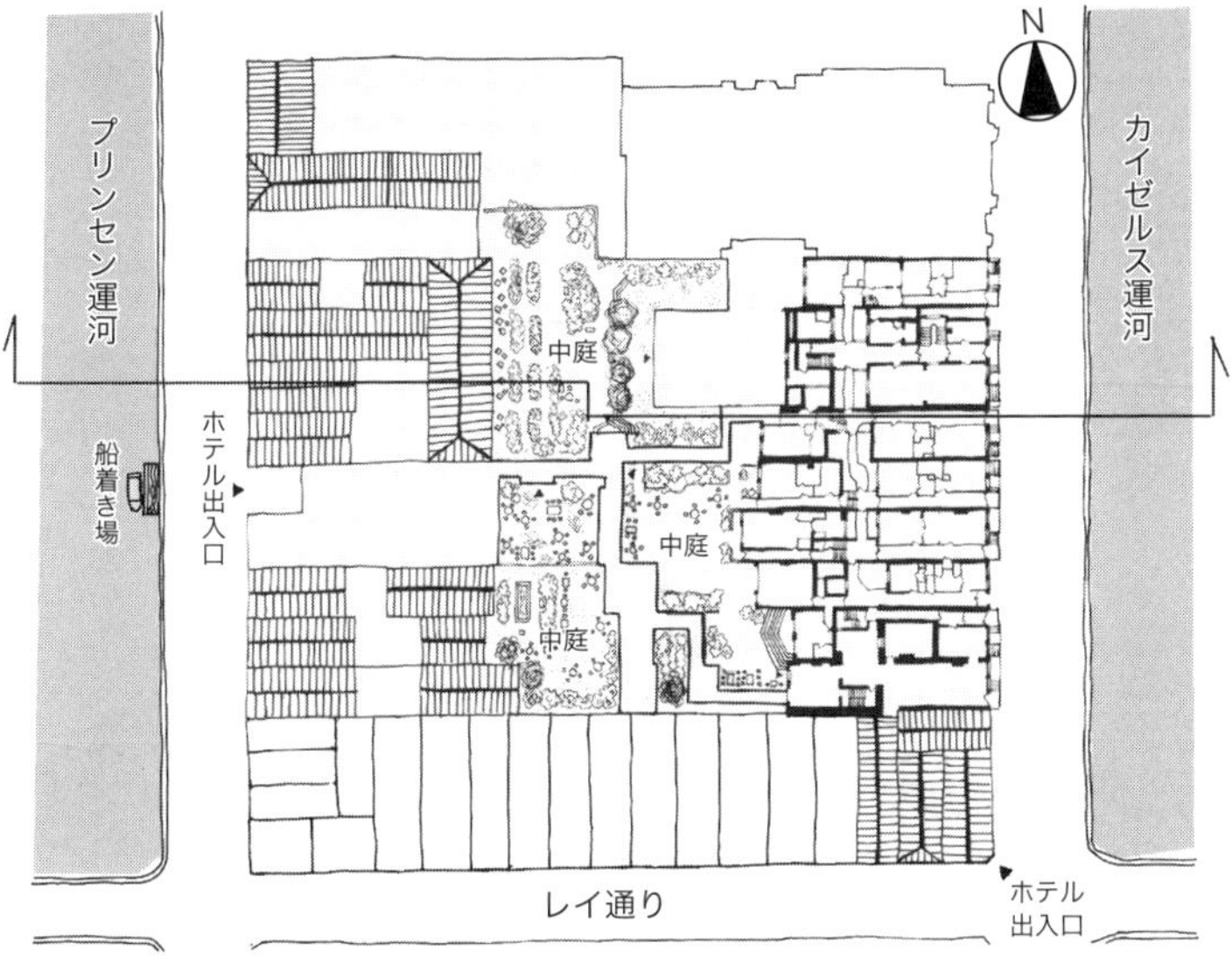

図 3－35　ホテル・ピューリッツァー地上レベル平面図
二つの運河沿いの建物は現在ホテルとして使用されており，その間にある空間はホテルの中庭として活用されている

図 3－36　同　断面図

り、一つの空間内で三つの個性を楽しむことができる。

　アムステルダム中心部の街中はどこへ行っても賑やかなのだが、庭に身を置いていると建物が賑やかさをブロックしているためか、そんな都会の喧騒を全く感じられないほどに静かな空間だった。表には水（運河）があり、そして裏には緑がある。都心でありながらも住み心地は非常に良さそうで、うらやましい限りである。一七世紀につくられた都市空間が、いまだにこう

上右　図3－37　ホテル・ピュー
　　　リッツァー
　　　中庭にある回廊
上左　図3－38　同
　　　光庭を覆うガラス屋根

右　　図3－39　同
　　　中庭を見下ろす

右　図3-40　サマーハウスのある家
　　裏庭平面図

下　図3-41　同　周辺図

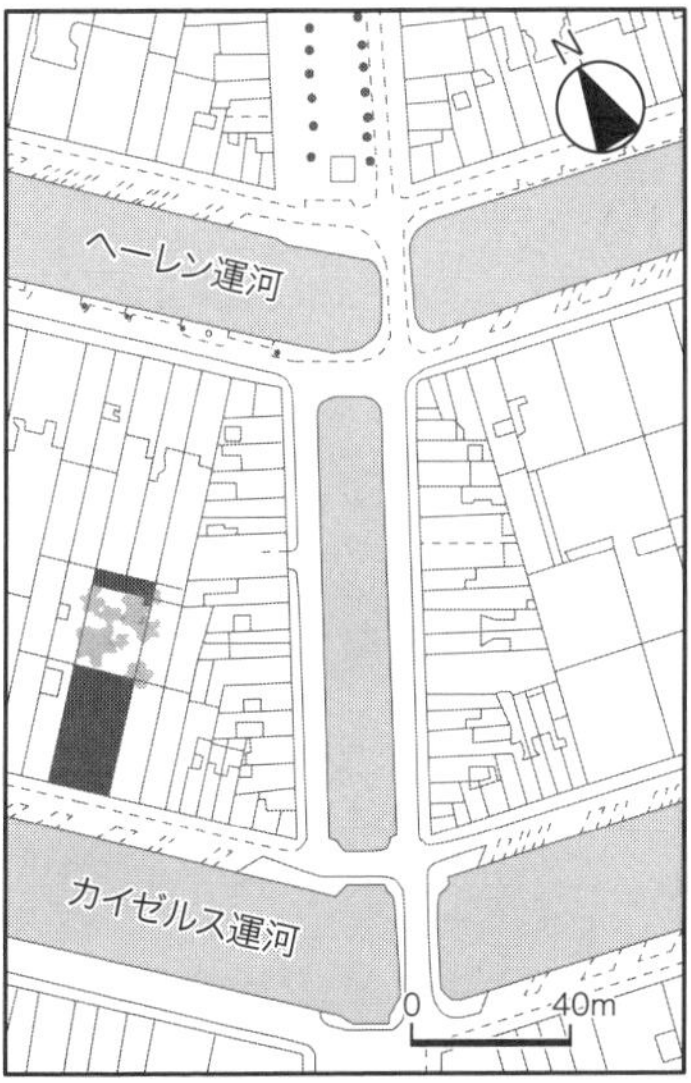

図3-42
サマーハウス

図3-43　サマーハウスのある家　植栽を介してサマーハウスを見る

上　図3-44　同　貯水槽につながる鉄製の扉

左　図3-45　同　庭から建物を見る

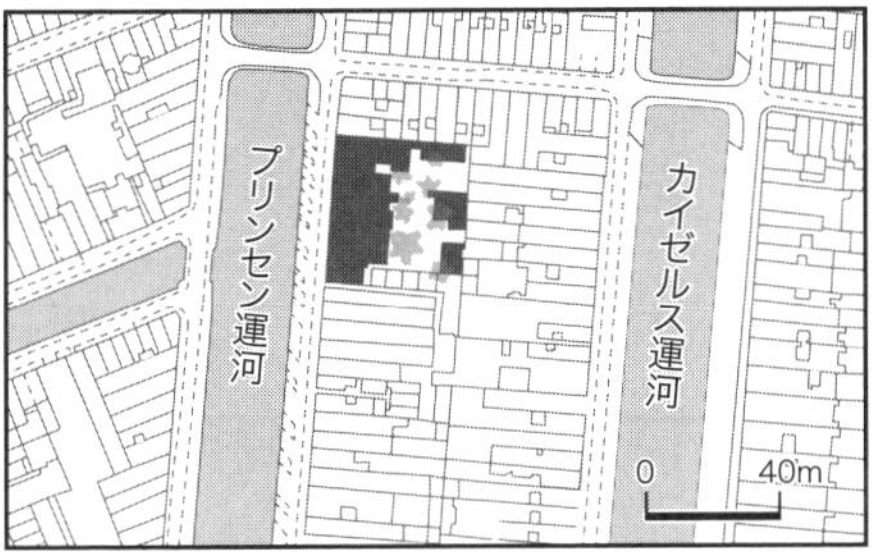

図 3－46　コミュニティをつなぐ家　周辺図

図 3－48　同　建物脇の路地

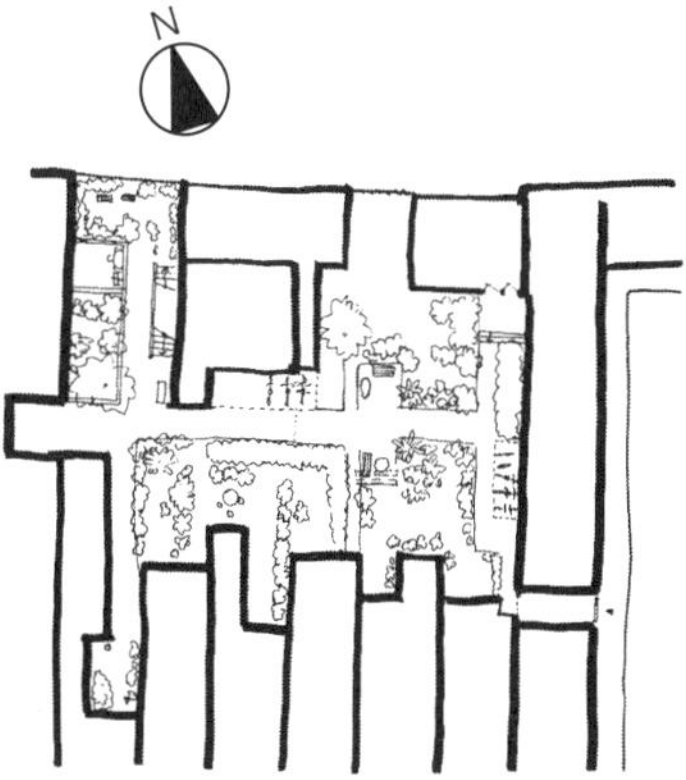

図 3－47　同　裏庭平面図

図 3－49　同
庭から空を見上げる

図 3-51　同　運河沿いのファサード

図 3-50　コミュニティをつなぐ家
運河沿いからの建物への入口

図 3-53　同　庭から路地への出入口

図 3-52　同
庭に面する各住居の出入口

して生かされ、そして快適な空間を提供していることに驚きを隠せなかった。

立地による空間構成の違い

一七世紀につくられた街区のうち、三つの環状運河に囲まれた街区に見られる特徴の一つは、運河沿いに建設された建築物と、三つの環状運河に直交する通り沿いに建設された建築物との空間構成の違いである。その一例として、第Ⅱ部で紹介したハイス・マルセイユが建つ街区を取り上げよう。

この街区は、ヘーレン運河とカイゼルス運河との間に挟まれ、その北側にハイデン通り、南側にライツェ運河が面している。ハイス・マルセイユは、カイゼルス運河沿いに建つ。

一七世紀の第一期目に街区の上半分が開発され、その南側には要塞運河であるヘーレドヴァルスブルフヴァルが流れ、ヘーレドヴァルスブルフヴァルは、ヘーレン運河とシンゲルとの間を流れるボウリングスロートという運河につながっていた。その後、第二期目に街区の下半分が開発された際、ヘーレドヴァルスブルフヴァルは埋め立てられ、新しい土地がつくられて現在の形となった。それと同時に、ライツェ運河が新たに掘られた。

一六六三年に描かれた敷地割り図（図3－55）によれば、第二期目の開発によって三四のパルセルが新しくつくられ、各パルセルの間口幅は、二二フィート（およそ六・二メートル）だった。興味深いのは、パズルをしているような敷地の割り方である。ライツェ運河が、ヘーレン運河およびカイゼルス運河と直交しておらず、街区が台形状になっているため、ヘーレン運河やカイゼルス運河と、ライツェ運河がぶつかるあたりの背割りのされ方に工夫が見られる。特に、カイゼルス運河側の敷地とライツェ運河側

右　図3－54　ライツェ運河

下右　図3－55　1663年当時の敷地割り
下左　図3－56　カイゼルス運河に直交するプリンセン通りの入口にあるパン屋

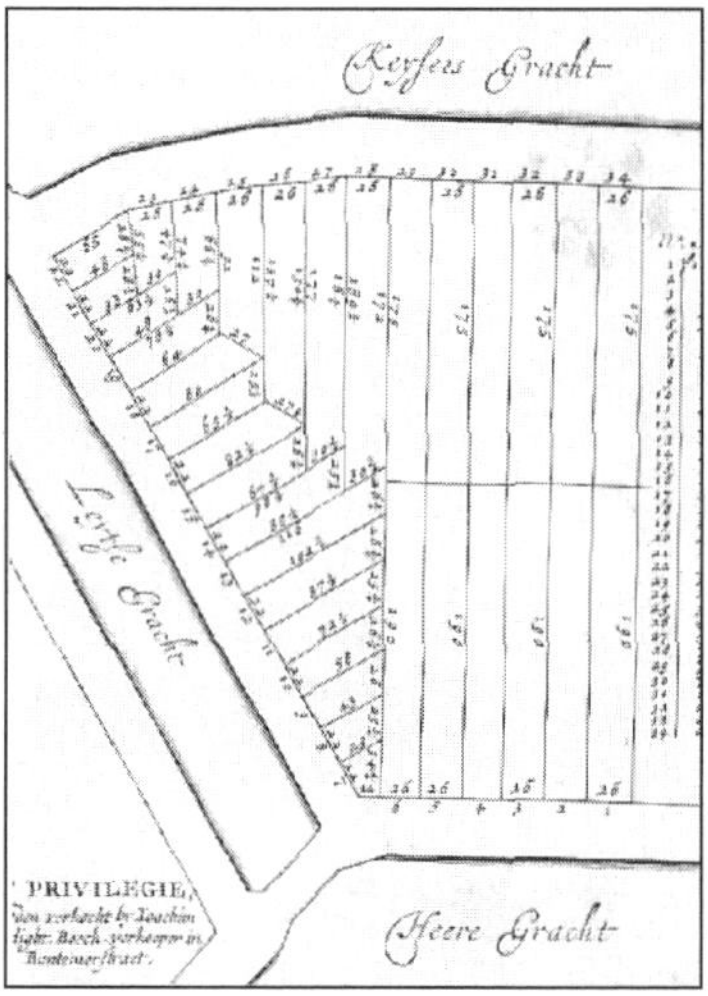

の敷地の背割り具合が非常に面白い。
　現在の地図でマルセイユ街区内の建築の間口を調べてみると、いくつかの敷地では、一七世紀の敷地をさらに細かく割って二間口分の建物が建てられているところがあるが、大体においては開発当時の状態を残している。
　ハイデン通りを含め、ヘーレン運河、カイゼルス運河、プリンセン運河に直交する九つの通りは、現在、カフェ、レストラン、パン屋、

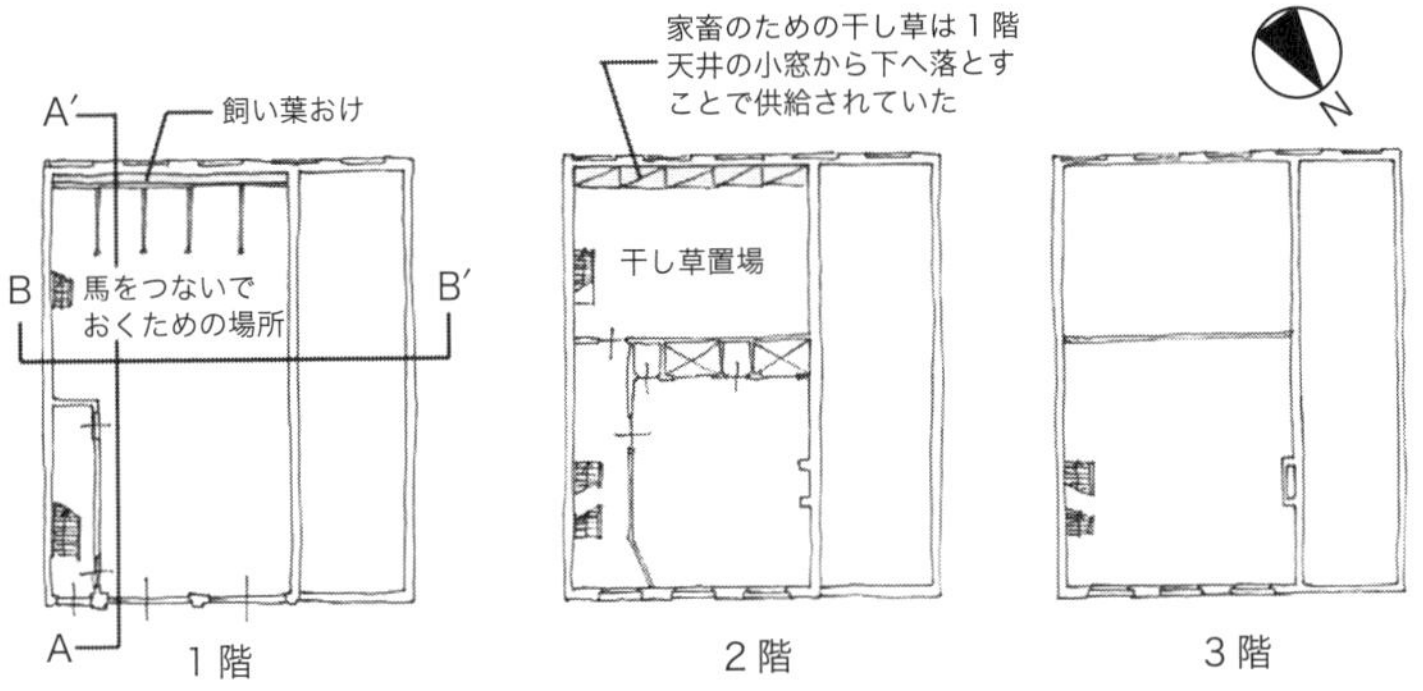

図３－57　ハイデン通り19番地　平面図（周辺図は図２－31を参照）

ホテル、アンティークショップ、古着屋、雑貨屋、本屋などの店舗が集まる、おしゃれな通りになっており、いつも人が集い、賑やかな場所である。そのうちの九つの通りは「九《ナイン》ストラーチェス」*と呼ばれ、とくに賑わいのある通りである。

＊　北から、ハストハイスモーレンステーヒ（Gasthuismolensteeg）、ハルテン通り（Hartenstraat）、レイ通り（Reestraat）、オウデスピーヘル通り（Oudespiegelstraat）、ヴォルフェン通り（Wolvenstraat）、ベーレン通り（Berenstraat）、ヴァイデハイステーヒ（Wijdeheisteeg）、ハイデン通り（Huidenstraat）、ルン通り（Runstraat）。

一七六一年当時、ハイデン通りに建つ住宅のうち、一階に馬車庫を持つ住宅（ハイデン通り一九番地）を紹介する。その住宅は、間口七・五メートル、奥行一三メートルの敷地に建設され、天井の高さが四メートルある一階は馬車を置くスペースとして使われた。通りに面して三つの開口部がつくられ、そのうち正面から見て右二つは一階の馬車庫のためのものであり、大きな開口部だった。一方、残りの一つは上階へ行くための扉だった。二階は、暖炉や寝床が通りに面した部屋に設けられ、その後ろの部屋は干し草置き場として使われた。三階を含め、馬や馬車の所有主が家族とともに住んでいた。

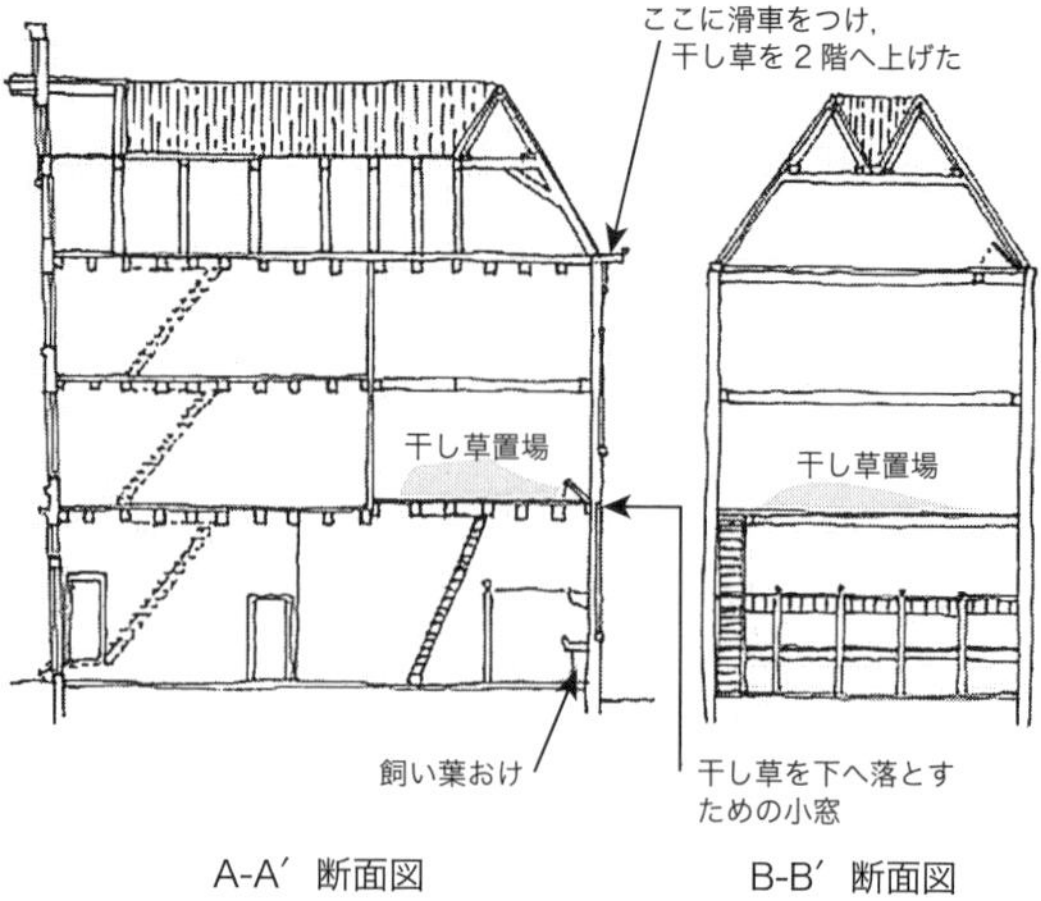

図３－58　ハイデン通り19番地　断面図

一階の馬車を置くスペースの後ろには、三、四頭の馬を一度につないでおける程度の空間がつくられた。後ろの壁には飼い葉おけが造りつけられ、そのすぐ上の天井には上階とつながる窓が設けられ、干し草が貯蔵されている二階の部屋から飼い葉おけへ落とすことにより、干し草が供給される仕組みになっていたと思われる。二階へ干し草を運ぶため、屋根の棟の部分に引き上げ装置が設置された。

次に、ヘーレン運河とライツェ運河がぶつかる部分に生まれた角地に建てられた店舗兼住宅（ヘーレン運河三九四番地）を紹介する。前述したとおり、街区が台形状になっているため、その角地の敷地は長方形ではない。敷地は、一六六三年にこの周辺の土地がつくられた当時のままの形状を今も保っている。

一六七一年、最初の土地所有者によって建設された。ヘーレン運河側の間口幅はおよそ四メートルで、一方、ライツェ運河側の間口幅はおよそ七メートルである。この建物は、一階がパン屋として使われ、二階から上の三層が集合住宅として使われていたようである。アムステルダムの集合住宅において、二つの運河もしくは通りがぶつかる角地に建築物が建てられる場合、二つの運河もしくは通りのうち、ヒエラルキーの低い運河（もしくは通り）に集合住宅のエントランスが設けられるケースが多く、この建物はその典型的事例といえる。一階は間仕切り壁によって二つの部屋に分けられ、パン屋のサービス部分はヘーレン運河に面して設けられた。半地下階に下りる階段が、パン屋のサービス部分へアクセスできるようにつくられた。このサービス部分には「インステイク（insteek）」と呼ばれるロフト空間が設けられた。インステイクをつくることができるほど、天井の高い、開放感のある店舗だったことが想像できる。また、ライツェ運河に面する扉から入って上階へ行くための階段は、インステイクからアクセスすることができた。このように、建物の外側からは想像もできない、複雑な空間がつくられた。

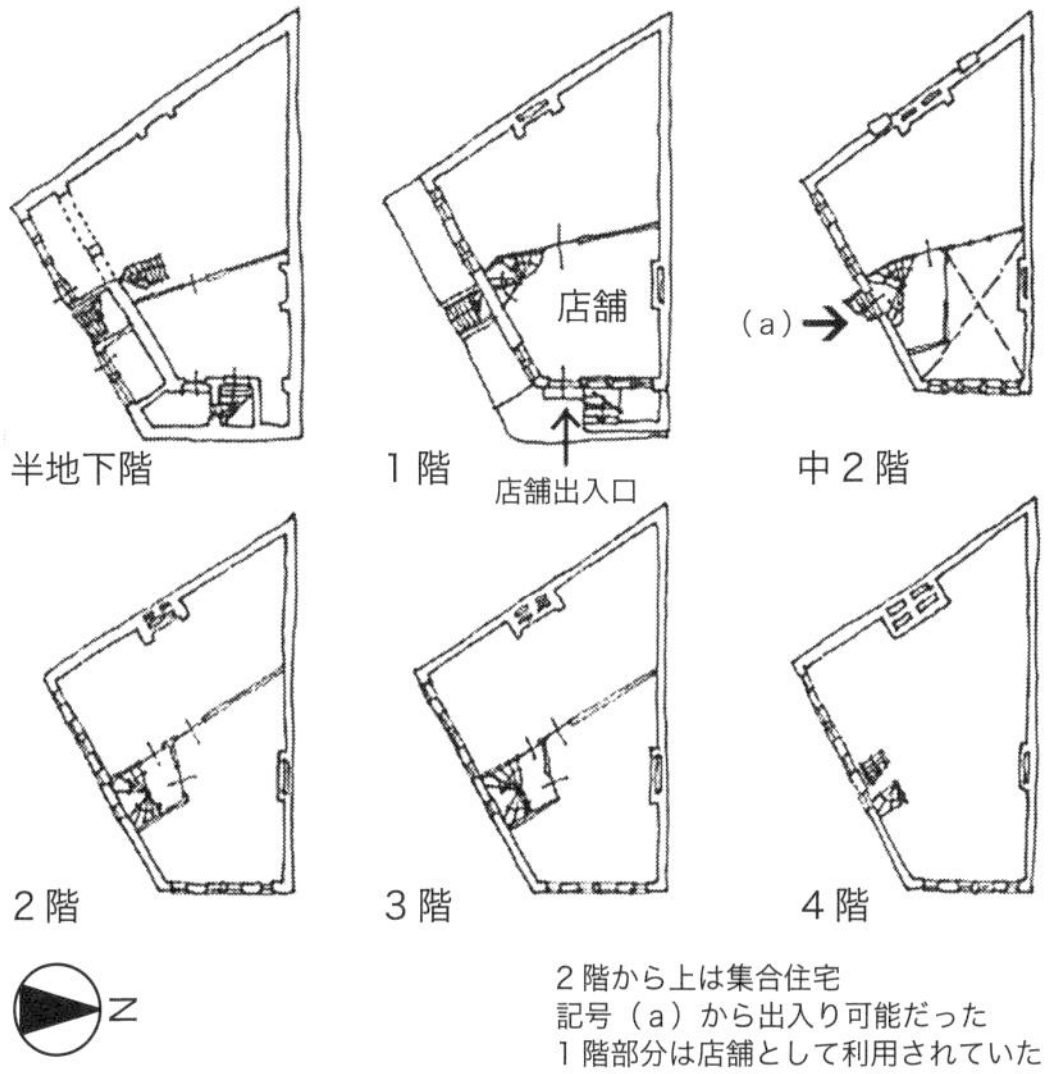

2階から上は集合住宅
記号（a）から出入り可能だった
1階部分は店舗として利用されていた

図3－59　ヘーレン運河394番地　平面図（周辺図は図2－31参照）

上階の集合住宅については、一階と同様に各階が間仕切り壁によって二つの部屋に分けられた。各階ともに、ヘーレン運河から見て後ろの部屋のみに暖炉が設けられ、この暖炉は暖房用として、また調理用として使われていた。一方、ヘーレン運河に面する部屋には暖炉が設けられておらず、寒い季節は大変な思いをしたのではないだろうか。

一七世紀につくられた三つの環状運河に囲まれた整形街区は、その当時、運河に面した敷地に裕福な市民たちが住む住宅が主として建設され、一方、運河と直交する通りに面した敷地に商店や馬小屋などを兼ねた住宅が主として建設された。この街区には明確な空間構成を読み取ることができる。

5 アムステルダムの下町――ヨルダン地区

ヨルダン地区がつくられるまで――地区の概要

アムステルダム旧市街の西側に「ヨルダン地区」と呼ばれるエリアがある。このあたりは、もともとは裕福なアムステルダム市民が所有していた土地であり、一七世紀初めに開発が始められるまでは、装飾的な庭、果樹園、賃貸用の小さな家などがあった。ヨルダン地区がまだ市外に位置していたころの古地図を見ても、ヨルダン地区がつくられたあたりの運河沿いには、小さな家とともに庭園や農園のようなものが描かれている。

一六一二年から始まった市域拡張工事によってヨルダン地区は生まれたのだが、もともとの運河の走り方がそのまま生かされることとなった。つまり、オーナーたちの持っていた土地の形状を継承して造成したのである。上をブラウヴェルス運河、下をライツェ運河、左をラインバーンス運河、右をプリンセン運河に囲まれ、三日月のような形をした新しいエリアがつくられた。また、ヨルダン地区内は一気に開発されたのではなく、地区の南側から造成工事が進められていった。というのは、地区の北部は非常に土地がじめじめしており、一方で南部は比較的造成しやすかったからである。

前述した三本の環状運河に挟まれた地区では、もともとの運河の形状は崩されて、新たに綺麗なグリッド状の街区を持つ地区がつくられた。よって、これら二地区の運河の走り方や街区の構成は互いに異なっている。

現在「ヨルダン（Jordaan）」地区と一般的に呼ばれているが、当初は「ニウェ・ヴェルク（Nieuwe Werck）」と呼ばれる地区だった。「ニウェ・ヴェルク」とは、「新しい仕事」と直訳される。「ヨルダン」と呼ばれるようになったのは一八世紀になってからで、その名の由来はさまざまである。一七世紀に流入してきたフランス新教徒たちの多くがこの地区に住み、「庭」をフランス語で「ジャルダン（jardin）」ということから彼らがこの地区をそう呼ぶようになった後、それが訛って「ヨルダン」になったという説が一般的である。実際、ヨルダン

図3－60　ヨルダン地区を見下ろす（1946年）

地区内には植物の名前がつけられた通りや運河がたくさん存在する。*

＊　ヨルダン地区内に見られる植物の名前を持つ運河や通りは、以下のとおりである。椰子の運河／椰子の通り（Palmgracht / Palmstraat）、マリーゴールドの運河／マリーゴールドの通り（Goudsbloemgracht / Goudsbloemstraat）、ライムの運河／ライムの通り（Lindengracht / Lindenstraat）、木の通り（Boomstraat）、カーネーションの運河／カーネーションの通り（Anjeliersgracht / Anjeliersstraat）、庭の通り（Tuinstraat）、イノバラの運河／イノバラの通り（Eglantiersgracht / Eglantiersstraat）、新しいユリの通り（Nieuwe Leliestraat）、花の運河／花の通り（Bloemgracht / Bloemstraat）、バラの運河／バラの通り（Rozengracht / Rozenstraat）、月桂樹の運河／月桂樹の通り（Lauriergracht / Laurierstraat）
　また、植物由来の名前のほか、産業関係の名前を持つ運河や通りも存在する。ヘラ鹿の運河／ヘラ鹿の通り（Elandsgracht / Elandstraat）、なめし皮職人の運河／なめし皮職人の通り（Looiersgracht / Looiersstraat）、香料製造者の運河／香料製造者の通り（Passeerdersgracht / Passeerdersstraat）、窓の通り（Raamstraat）

ヨルダン地区の空間的な特徴としては、通り沿いの建築物の合間にわずかな隙間が数多くあり、その隙間に路地が走り、それが裏の建物へ通じていることである。たとえば、地区の北にあるヴィレムス通り（Willemsstraat）はかつてハウズブルーム運河（Goudsbloemgracht）と呼ばれ、一八五六年に埋め立てられたが、運河がまだ流れていたころは五五もの路地が運河側から裏へと伸びていた。一八二五年にそのうちの二五の路地が消えてしまった。

路地への入り口にはほとんどに扉があり、開けられているところもあれば閉められているところもあって、東京の下町の路地に比較すると閉鎖性が強い。路地が裏へと走っているために通り沿いに建つ建物のナンバー（住所）が不規則に並んでいる例が多く、それはヨルダン地区では珍しくない。路地のタイプは、確認したところでは、表の建物の裏にある建物へ続く路地や、「ホフェ」という、身寄りのな

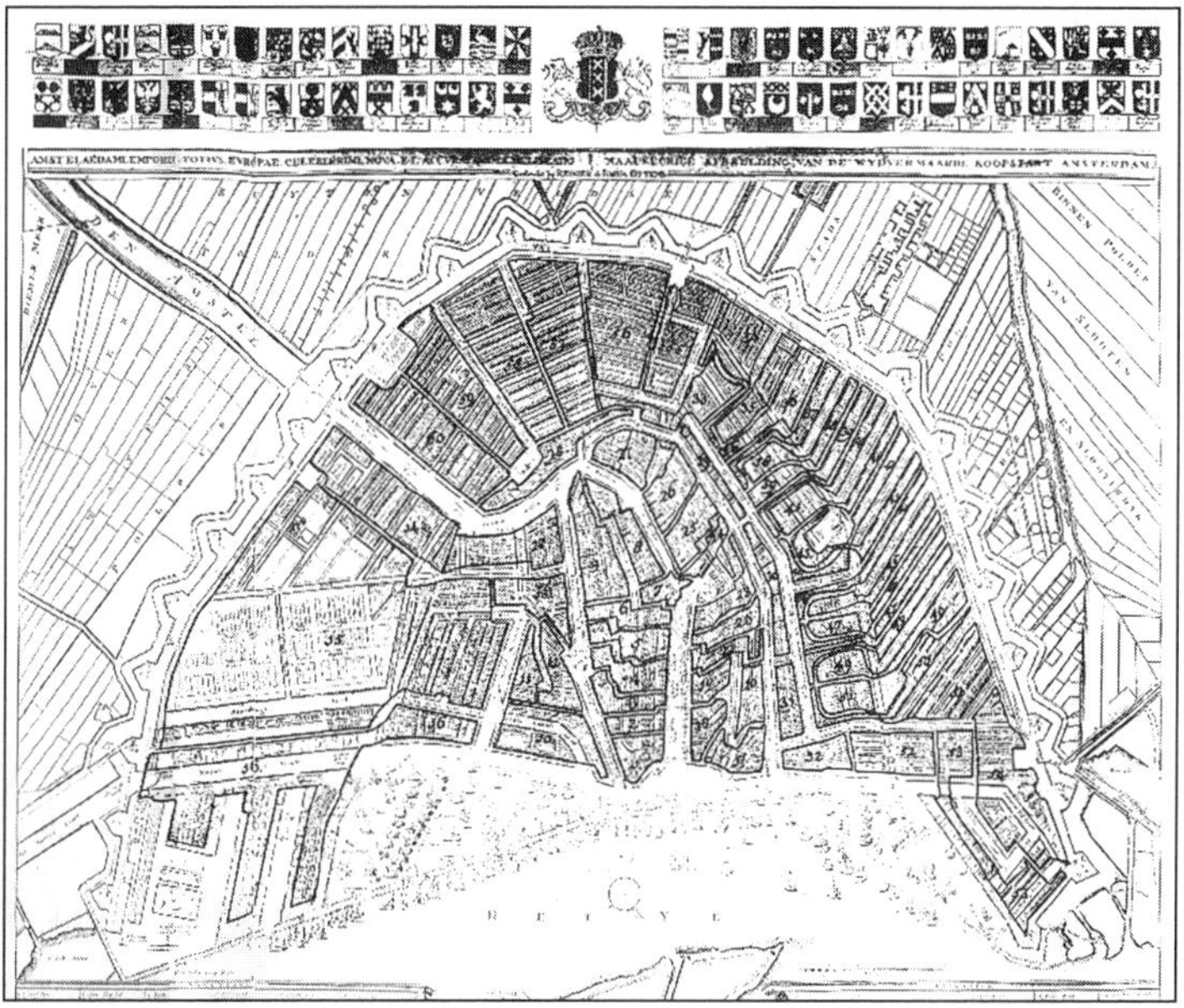

図3-61　当時の地区分けの様子

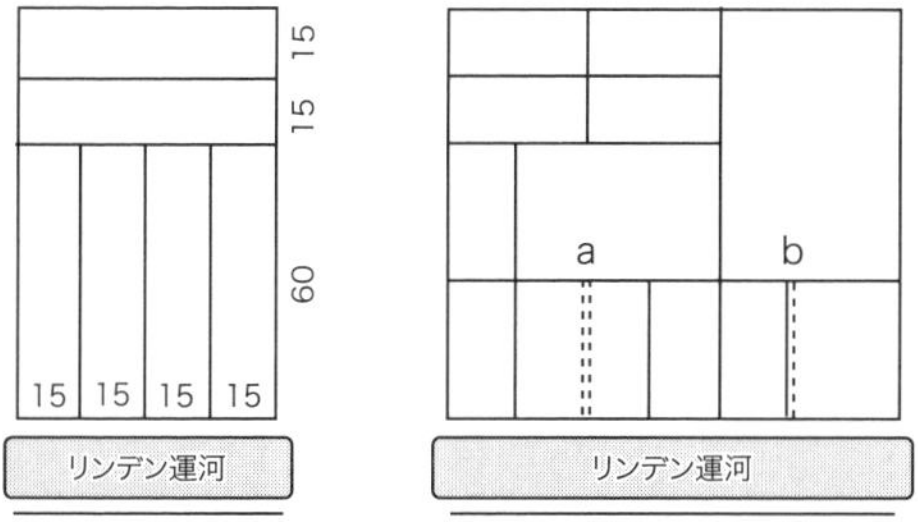

＊図中の数字は寸法を表す
(単位：1フィート≒
約28.3センチ)

ヨルダン地区の場合，間口が15フィート（約4.25メートル），奥行きが60フィート（約17メートル）という単位でまずは敷地割を行う（左図）．この一単位の敷地をさらに半分にし，その後ろ半分を空地にする．そして，その空地へ抜けるための路地（aやb）を敷地間に設ける（右図）．しかし，スプロール化がすすむと，空地にも建て込みがなされるようになり，環境的には劣悪になっていく．

図3-62　ヨルダン地区における敷地割の事例（リンデン運河の場合）

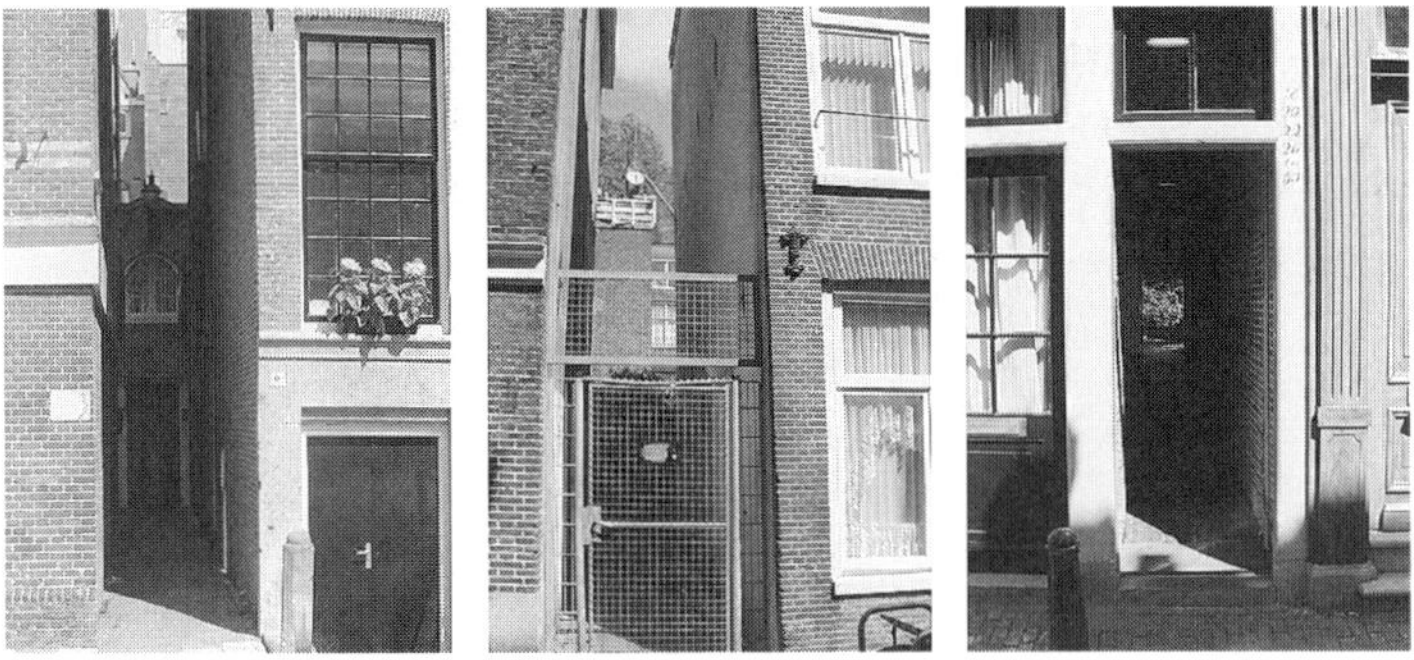

図3－63　ヨルダン地区で見られた裏へとつづく路地の入口

い老人や女性らが主に住んだ集合住居形式の建築物の中庭へ続く路地が最も多い。路地の上に建築物が覆いかぶさってトンネル状になっているタイプもあった。

もともとの運河をそのまま残して開発されたヨルダン地区は、運河に面した街区の裏側を走る裏通り、運河やその裏通りに対して直角に走る通り、そして路地など、ヒエラルキーが異なる通りを各運河間に細かく走らせることによって細かなネットワークをつくり上げ、建物を高密に建て込ませる事を可能にした。当時のヨルダン地区は皮革関係の工場、職工関係の工場、市の軍需品や鐘の鋳造工場、大工のための作業場、タイルやレンガづくりの作業場、蒸留酒の製造所、染物の作業場など、多岐にわたる職人や労働者たちが住む場所であり、また、ホフェもところどころにつくられ、多くの職人、労働者、レンブラントに代表されるアーティスト、移民などがごった煮状態で住む下町的地区となった。加えて、商人たちが住む地区とはおもむきが異なっていた。四周を運河が走るという地区の状況は、ヨルダン地区を市内にありながらも孤立させることとなり、地区内には「ヨルダンフィーリング」と呼ばれる独特の雰囲気が生まれるに至った。

当時、市内にはいわば町内会のようなものが存在していたようで、一七九五年には、市民軍によって計六〇の地区へ分けられていた。彼ら市民軍は各地区の裕福な市民たちのもとに属してそれぞれの地区に駐在し、警察官のような役割を担っていた。彼らは、市外からやって来る敵から市内を防御し、市内の安全や秩序を保つという責務を負っていた。オランダの代表的な画家であるレンブラントの描いた「夜警」には市民軍が描かれている。

一六一二～二五年の拡張工事でつくられた環状運河内の地区とヨルダン地区の二地区に限っていえば、ヨルダン地区の土地は裕福なアムステルダム市民が所有しており、一七世紀のヨルダン地区と隣接する高級住宅街の地区とは密接な関係を持っていた。二地区内で分けられた各一つを合わせて一つの町内会にした例がほとんどである。おそらく環状運河内に住む裕福な市民たちとヨルダン地区に住む市民たちは、互いに関係を持っていたのだろう（図3－61参照）。

ルーフテラスのある家——リンデン通り七二番地

町がつくられた一七世紀から職人やアーティスト、移民が多く住んでいたヨルダン地区は、今も地区が誕生した当初の都市空間のスケールが残され、高密な空間はそのままである。街角にはカフェや雑貨店、専門店、レストランがあり、ヨルダン地区内だけで生活が成り立つといっても過言ではない。地区の周囲は運河が囲んでいるために「ヨルダンフィーリング」と呼ばれた気風が地区内に生まれ、そしてはぐくまれたことが、地区内で生活が完結してしまうことに何らかの影響を与えたのかもしれない。

ヨルダン地区に実際にある住居はどのようなものなのだろうか？　地区の北部を走るリンデン通り

図3－64　ルーフテラスのある家の窓からリンデン通りを見下ろす

(Lindenstraat) 沿いのお宅に伺う機会を得た。「ライムの木の通り」という意味を持つリンデン通りは、現在は埋め立てられて一面の道路になってしまったリンデン運河の裏通りである。通りの道幅は狭いが、通りに沿ってびっしりと間断なく高密に住居が建ち並んでいる。各建物の窓面が大きいため、通りに面した部屋の窓からは真向かいの建物の部屋の内部が見えてしまう。プライバシーといったものは存在しないほどである。しかしアムステルダムの人たちはそういった事に対して慣れてしまったのだろうか、もしくは鈍感なのだろうか……堂々と部屋の内部を公開（？）しているのが印象的だ。もちろん他人の部屋をジロジロと見ている人は少ないが、通りを隔てた建物の住人たちは目が合えば挨拶を交わし、時には窓越しに会話を交わしている光景は、ヨルダン地区を歩いている時にたびたび見かけることができる。また、通りを歩いていても部屋の中から誰かの話し声が聞こえてくることもある。この時に感じる親しみ深さは、東京の下町を歩くと感じるものに似ている。建物は高密に建ち、人口も過密であるという点でも東京の下町と似ており、ヨルダン地区はアムステルダムの下町といって良いだろう。

私が訪ねた部屋は、リンデン通り七二番地の建物の三層目と四層目のメゾネットのような部屋だった。

図3-66　同　急勾配の階段を下りて扉を開ければ，すぐに通りへ出る

図3-65　ルーフテラスのある家　室内のようす

図3-67　同　上の階へ行くための階段へつづく扉

アムステルダムの設計事務所に勤める日本人の男性二人がその部屋で共同生活していた。部屋を訪れた際、まず通りのドアベルを鳴らさなければならなかった。通りに面したドアには通常鍵が掛けられているからである。そしてそのドアを開けると、部屋の扉までつづく急な階段を上がり、そこで初めて部屋へ到達できる。こうしたアプローチの構成はアムステルダムの住宅では一般的であり、外から建物に入る時と部屋に入る時のために二回

図3－68　ルーフテラスのある家
上階の屋根裏部屋

図3－69　同
屋根の上に出るための出入口

ロックを外してから室内に入らなければならない。だから、建物の上層階に住む人たちは、たいていの場合は鍵を二つ持っている。

さて、部屋に入ると間仕切り壁は一切なく、そこにはリビングとキッチンが設けられ、一体的で開放的な空間である。前述したように、高密化した街区であるため、窓から向かいの建物の室内が見えてしまう。それぐらいに高密に建てられている。中庭側には低層のホフェの建物が外側に建つ建物に守られるようにあった。

リビングには扉があり、その扉を開けると上階へ続く階段がある。上階部はよりプライベートな空間で、二人分の個人机とベッドが置かれていた。建物の上層部つまり屋根裏部屋であるので壁面は途中から傾斜しており、そして窓もけっして大きいものとはいえず、日中でも若干暗い。

さらに、その屋根裏部屋からは屋根へ行くことができる。屋根には木製デッキのテラスが設けられて

図3-70　ルーフテラスのある家の屋根の上から見える北教会

おり、心憎いことにベンチが置かれ、そこに座ってのんびりすることもできる。ルーフテラスからはアムステルダムの町を上から一望できて、ダム広場方面を見ると王宮（かつての市庁舎）の頭や、そのとなりにある新教会の頭の部分が見え、広場よりも南へ視線を向ければ西教会の塔が見える。それらの特徴的なスカイラインの合間を埋めるように、オレンジ色の屋根瓦を持つ建物が建て込まれている様子がうかがえ、そして緑色の樹木の先端が見える。こうした旧市街の町並みのさらに向こうにそびえ立つ現代的な高層ビルを除けば、おそらく何百年にわたって旧市街のスカイラインはほとんど変わってないだろう。

建物自体の骨格は古く、それを補修すべきところは補修してアパートメントとして使っており、ところどころに歴史を感じることができる。それはリンデン通りから部屋へと続く急な階段であったり、通りに面した壁面に大きく取られたガラス窓であったり、薄暗い屋根裏部屋であったりなどである。そして、浴室へ行く扉がある壁

図3-71　ルーフテラスのある家　屋根からリンデン通りを見下ろす

図3-72　同　増築部分に入る際に壁の厚み分の凸がある

の厚みは室内の壁にしては厚いことから考えると、浴室部分は裏庭方向へ増築されたと考えられる。実際に外壁の厚みを測ってみたところ、ほぼ同じであった。

部屋に住む二人が日ごろどのように生活しているのかを尋ねたところ、食事はキッチンのテーブルでし、ミーティングや食事以外で何か作業をするときは一人が屋根裏部屋の机で、一人がダイニング用のテーブルで作業をするそうだ。屋根のルーフテラスはプライベートな電話をするときなどにも使うそうだ。また、隣接する建物と屋根伝いで移動することができるので、別の住人がそのルーフテラスを使うことがあるのか尋ねてみたところ、テラスのシェアはしていないそうである。

二人のうち一人の方にとって一番落ち着く空間は屋根裏部屋のベッドだという。実際、ベッドの周囲をカーテンで仕切って唯一のプライベート空間を確保していた。確かにキッチンとリビングの空間は間仕切りのないワンルームであり、自分だけの空間をつくることは難しそうである。限られた空間のなかで知恵を絞って住んでいる様子をうかがい知ることができた。

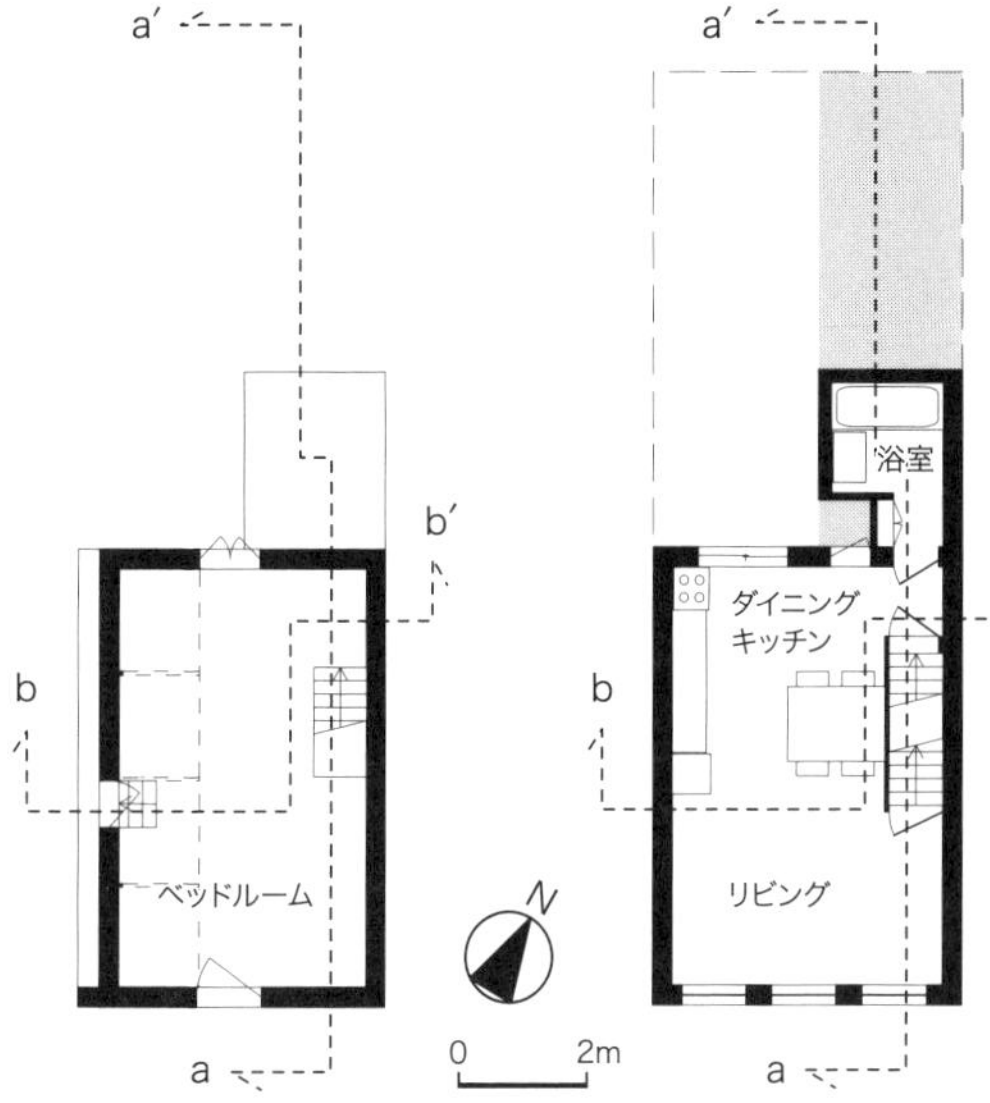

図3－73　ルーフテラスのある家　平面図

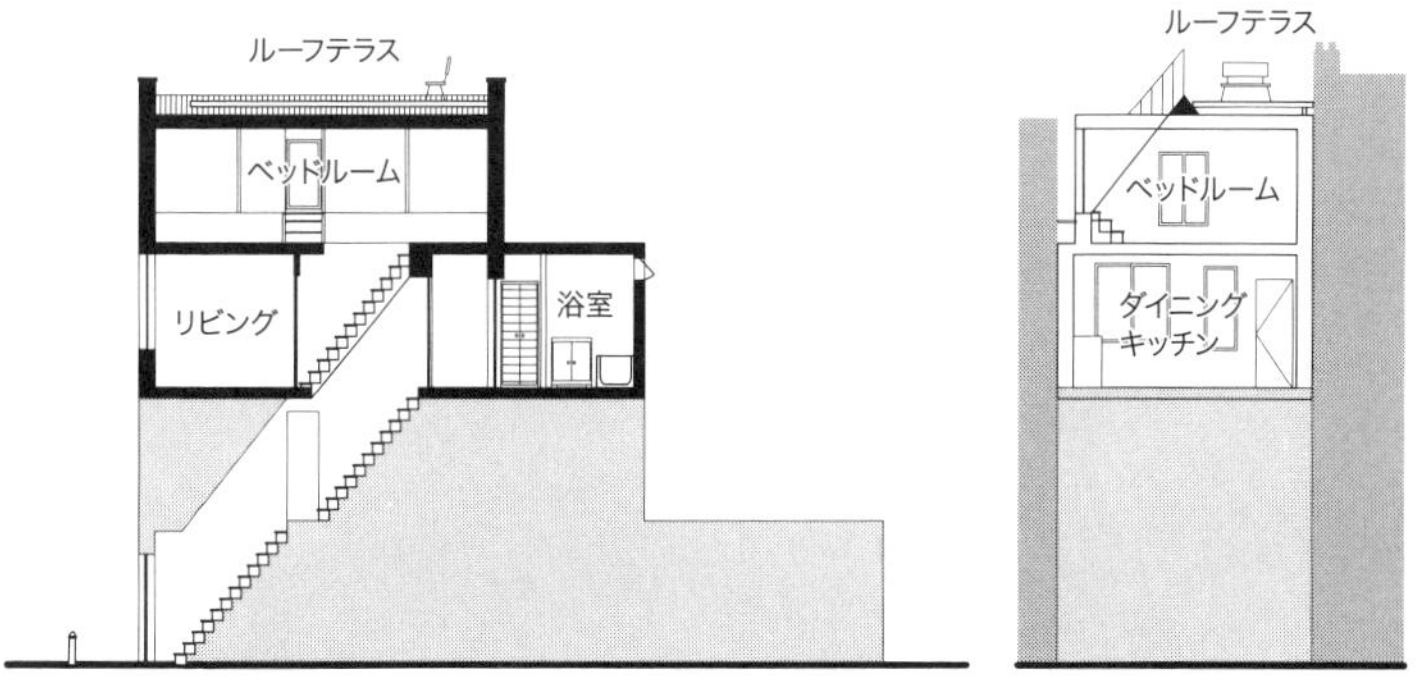

a-a′断面図

b-b′断面図

0　4m

図3－74　同　断面図

開発の決まりごと──リンデン運河付近を例に

ここで、ヨルダン地区の北部に位置するリンデン運河（Lindengracht）と、その裏通りのリンデン通りがあるあたりの街区を見てみよう。前述のように、名前の中の「リンデ（linde）」とは「ライム」の木の意味であり、地区内には植物から引用された名前が多い（一五六頁注参照）。リンデン運河は一八九五年に埋め立てられ、通りへと変わってしまったが、広い道幅を有しており、そこにもともとは運河が通っていたのだということを感じさせる。現在は毎週土曜日に市場が立ち並び、人通りが絶えない場所である。

現在の地図を見ると、リンデン運河とリンデン通りに挟まれた街区の背割りが通り側にかたよるように引かれている。これはヨルダン地区内の他街区でも見られることであり、運河と通りで挟まれた街区の背割りは通り側にかたよる傾向が多く、結果として水辺側の敷地の奥行き幅が通り側のそれよりも大きいことがほとんどである。一方で、運河と運河で挟まれた街区内や通りと通りで挟まれた街区内の背割り線は中央を走っている。

運河と通りに挟まれた街区の背割り線が街区の中央部を走らないことが多いのは、なぜだろうか。おそらく運河側の地価が通り側の地価よりも高かったのだろう。つまり、水辺に面した土地は街区内で最も好立地として敷地割りが成されたのではないだろうか。一方で、運河と運河、または通りと通りに挟まれた街区は地価的に等しいものと見なされ、均等に敷地割りが行われたと考えられる。

リンデン運河とリンデン通りの場合、運河と通りの幅はおよそ五一・五メートルであり、リンデン通り側は間口が約五メートルの敷地割がなされている。リンデン運河側の敷地の奥行き幅は約四三・五メ

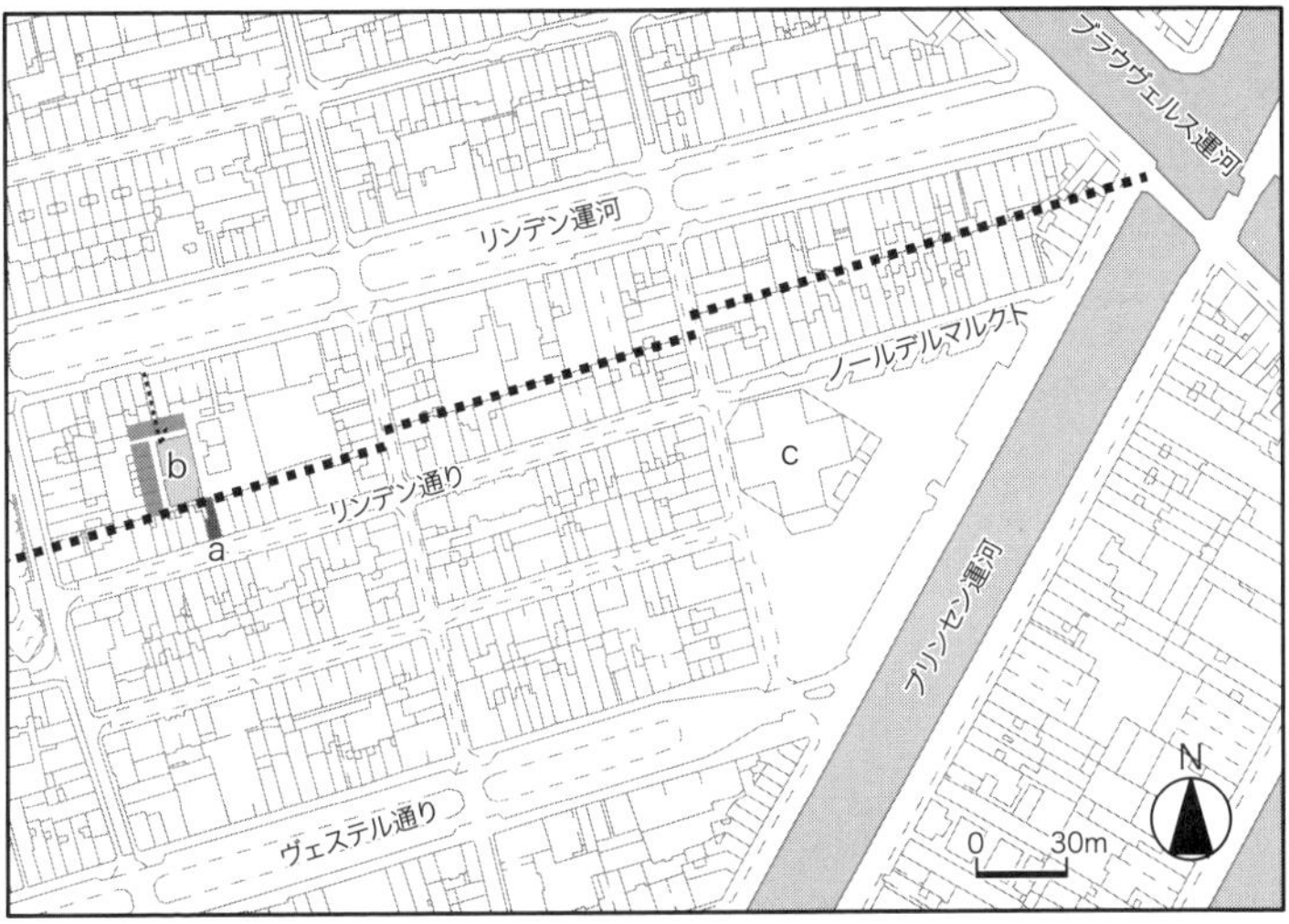

a リンデン通り72番地　　b サイケルホフェ　　c 北教会

図 3-75　リンデン運河　周辺図（＊点線は想像される背割り線を示す）

ートルで統一されている。また、リンデン運河とリンデン通りに挟まれた街区と三本の環状運河（ヘーレン運河／カイゼルス運河／プリンセン運河）内の街区のスケールの大きさを比較してみると、ほぼ一対二であることが分かった。

　前述したホテル・ピューリッツァーのある街区の内側は当時の市の政策から庭として利用することが決められ、饅頭の皮（建築）と餡（庭）のような街区構成をとり、「餡」である緑豊かな空間が守られた。それに対してヨルダン地区内の街区は通り沿いの建物の裏にさらに建物が建つという密度の高い構造になった。街区の規模としては、ヨルダン地区内のほうが小さいにも関わらず街区の内部にも建物が建て込み、高密化が進んでいったのは明らかである。この高密化は一七世紀当時から見られていたが、一九世紀に入り、産業革命によって市内に労働者が増え始めると、ヨルダン地区は彼らの居住地区

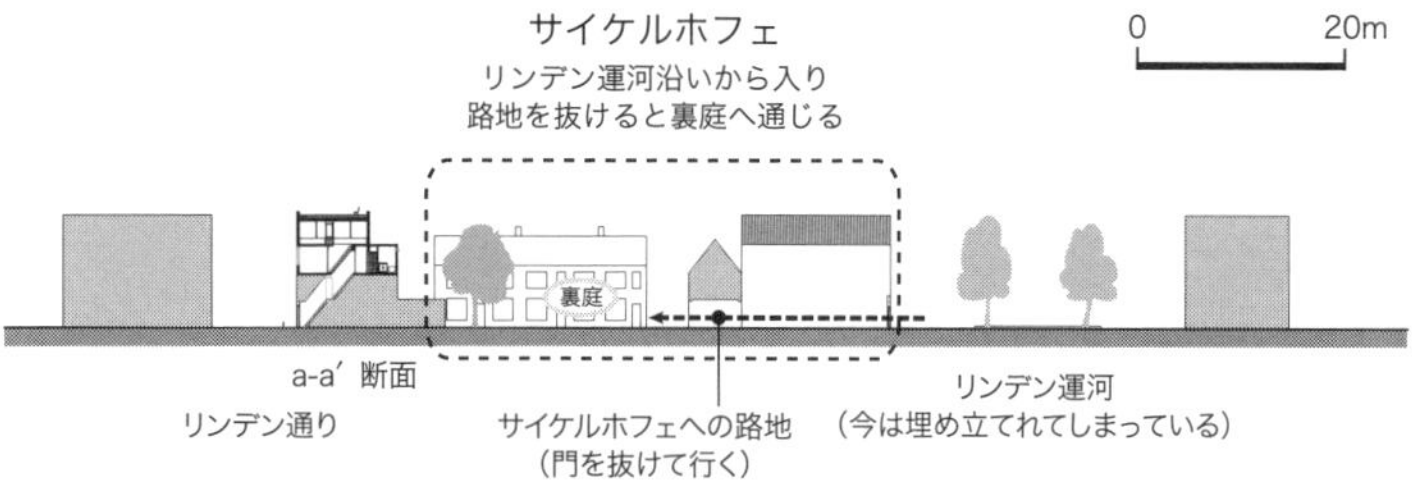

図 3－76　リンデン通り－リンデン運河　断面図

図 3－78　現在は埋め立てられたリンデン運河

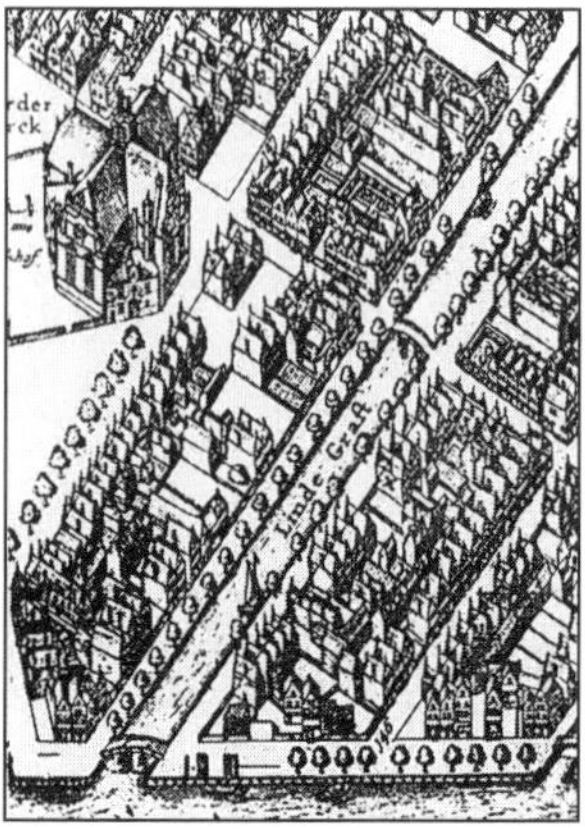

図 3－77　かつてのリンデン運河

図 3－79　リンデン運河では毎週土曜にマーケットが立つ

となって高密化は限界に達した。居住環境は悪くなる一方で、特にヨルダン地区の北部（リンデン運河／ラインバーンス運河／パルム運河／ブラウヴェルス運河という四つの運河に囲まれたあたり）は最悪だった。その地区を流れていたパルム運河（現在は埋め立てられてヴィレムス通りという名の通りとなっている）沿いから伸びる裏路地のうち、かつて最高一一家族が一緒の路地を通って裏手の建物へアクセスしたケースもあったそうである。

サイケルホフェ

今回調査した街区の内部にはホフェが建てられていた。ヨルダン地区においては街区内にホフェが設けられる例は他にもあり、通りや運河に沿った建物の裏側に建てられることによって、住人には「守られている」という思いが生じ、そういう点ではヨルダン地区の街区構造はホフェを建設するには好都合だった。また、当時ヨルダン地区の土地は裕福な市民（彼らはもちろんヨルダン地区以外に居を構えていた）が所有しており、博愛精神も手伝って貧しい人々のためにホフェをつくることもあった。

図3-80　サイケルホフェの出入口

現在、リンデン運河に面して建つ建物の奥行き幅はおよそ一四メートルであり、その建物とリンデン

図3－81　上から見たサイケルホフェ

通りに建つ建物に接する形でホフェが配されている。そのホフェは「サイケルホフェ（Suyckerhofje）」といい、一六六七年にピーター・ヤンスという人物によって創設された。彼の名が刻まれた石が、リンデン運河沿いにある立派な門に今もはめ込まれている。その門を入って建物のあいだの路地を抜けると、ホフェの中庭へ出る。中庭のほぼ中央部に、ランタンが上についたポンプがあって、そのポンプをホフェに住む人々が共同で使っていた。アムステルダム旧市街にあるホフェ建築には中庭が設けられることが多く、そしてその中庭にポンプが設けられることが多い。そういった中庭はきちんと手入れがなされており、訪問者を気持ちよく迎えてくれる。

　現在は二人の年老いた女性と働いている若者や学生たちが住んでいるそうだ。彼らはポンプ近くにある園芸用具を使って庭の花壇の手入れを共同で行っており、それはここに住むためのルールの一つでもある。このように世代の異なる人々が同じ建物の中で生活をし、庭の手入れを共同で行いながら親しくなることは、価値観を成長させる点でとても良い事である。

6　馬車通りと都市空間――ケルク通り周辺地区

新たな都市計画と市域の拡張

一七世紀の後半になってライツェ運河からアムステル川へ向かって新たに都市計画が行われ、市域がさらに広がった。一六二一～二五年の拡張工事でつくられた三本の環状運河（ヘーレン運河／カイゼルス運河／プリンセン運河）はそのままアムステル川とぶつかり、それよりさらにアイ湾（Het IJ）へ向かって環状運河の半径の長さを保つよう、弧を描くように運河が掘られた。アムステル川には大きな水門（アムステル水門）が建設され、上流からの流量を調整しながら、現在にいたるまで市内の水位を保っている。また、この水門は船が通ることのできるもの（閘門）であり、市内の水位を調整する役割を果たすと同時に船の航行を可能にさせる役目も果たしている。

一六五八～六三年の拡張工事でつくられた計画において特徴の一つは、カイゼルス運河とプリンセン運河の間にケルク通り（Kerkstraat）と呼ばれる道路がつくられたことである。ケルク通り沿いには馬車の車庫つき住宅（コーチハウス）が多くつくられた。アムステルダムの中心部（扇状内）で馬車用の車庫が多く並んでいた通りは、ケルク通りのほかにブラウヴェルス運河近くを走るランゲ通りと、シンゲルとヘーレン運河の間を走るレフリールスドヴァルス通りの二つがある。これら三つの通りは「馬車庫通り」と称されるほど、馬車を納めるための大きな開口部が通りに沿って並んでいた。今も大きな開口部

水門が見える

図3－84　マヘレ橋

図3－83　マヘレ橋よりケルク通りを見る

の多くは残っており、馬車にかわって自動車が納められている。

一七世紀初めのアムステルダム市内では、チューリップバブルというべき好景気が一時期起こり、珍種のチューリップに対して破格の値がつけられた。珍種のチューリップの球根一つと馬車一台が同じくらいの価値を持っていた。そのため、市民たちは珍種を開発して一儲けしようと躍起になってチューリップの栽培に熱中した。そうしたチューリップの球根によって大もうけをした商人たちもこの街

図3-82　アムスルテル川のパノラマ，右より，マヘレ橋（木造），プリンセン運河，アムステ

区に住んでいたのだろう。

ケルク通りはアムステル川に架かるマヘレ橋（Magere Brug）と繋がっている。マヘレ橋は一六五八～六三年に行われた拡張工事と合わせるかのように一六七一年につくられ、当時は橋上を馬車が往来した。アムステル川の両側をつなぐ重要な橋であったといえよう。このマヘレ橋は現在アムステルダム市内に残る唯一の木造の跳ね橋でもある。橋の幅はそれほど広くはなく、車一台がやっと通れるくらいであるが、現在も現役で活躍している。アムステル川には現在も観光用の船や貨物船が通ることがあるので、その度に橋が跳ね上げられる光景を見ることが可能だ。

また、敷地については次のようなことがいえるだろう。市によってつくられた新しい土地を均等に割り、それ（パルセル）を売りに出す。そして、購入者は一つまたは複数のパルセルを購入し、複数のパルセルを購入したものは自由に敷地割りをすることができた。たとえば、三つのパルセルを購入した藍染職人ヤン・ファン・ベアウモントは、間口をそれぞれ約六・二五メートル、約五・七五メートル、約五メートルに分割したが、これら三つの敷地を合わせて平均値を出してみると、一つの敷地は約五・七メートルである。つまり、一七世紀後半に行われた都市計画における敷地割りの間口の基本寸法は約五・七メートルであったことが分かる。

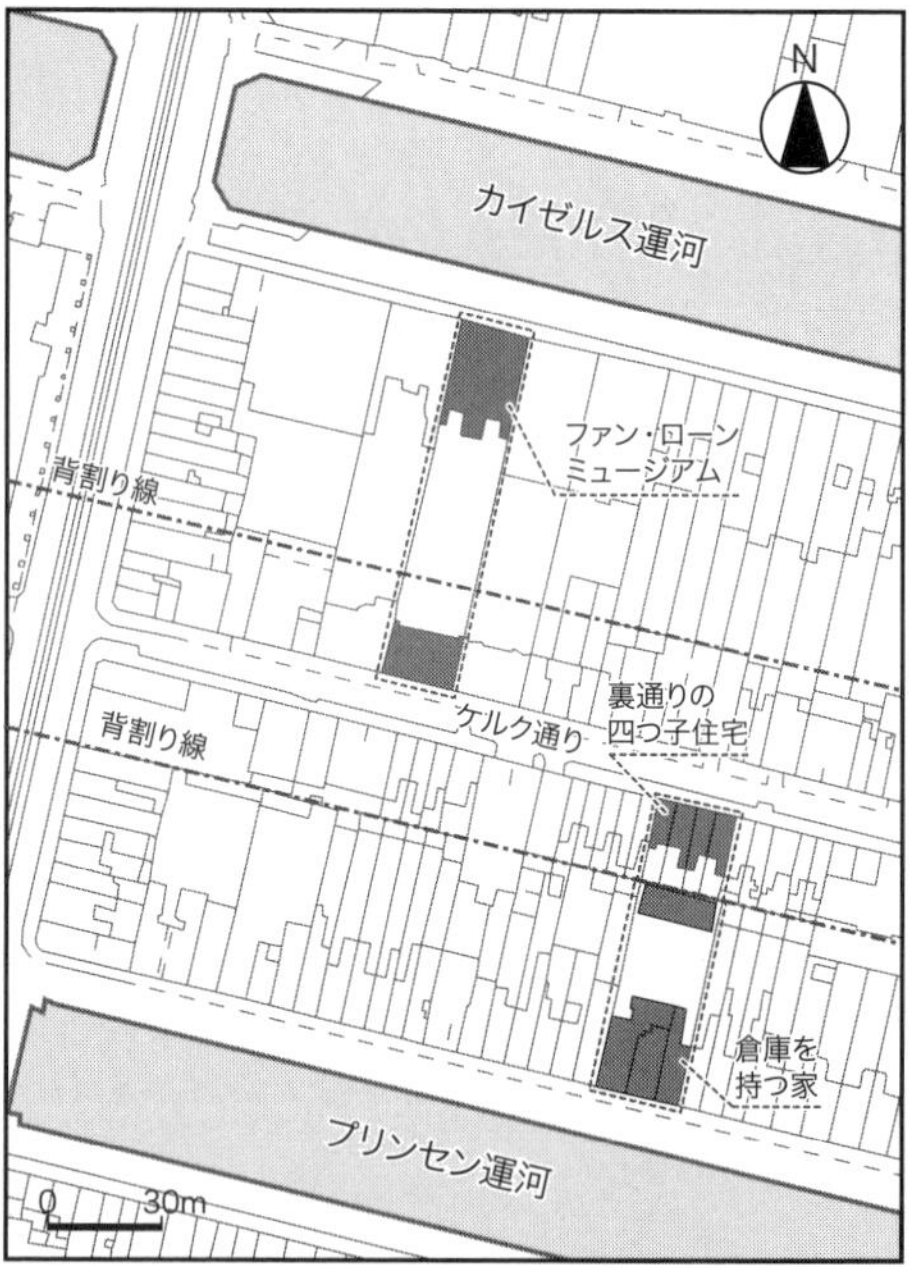

＊１点鎖線は想像される背割り線を示す

図３−85　ファン・ローン・ミュージアム周辺図

倉庫を持つ家と裏通りの四つ子住宅
――プリンセン運河とケルク通り

プリンセン運河とケルク通りに挟まれた街区の一部を取り上げる。プリンセン運河側の敷地と、ケルク通り側の敷地が背中合わせに分けられ、各敷地に建物が建てられた。プリンセン運河沿いの隣り合う三つの敷地の間口幅を、ケルク通り側では四つに分けた。プリンセン運河側の敷地の間口はそれぞれ、約六・二五メートル、約五・七五メートル、約五メートルである。奥行は、最長で一九・五メートルである。一方、ケルク通り側には一七・五メートルほどの幅に四つの建物が建ち並び、より高密な住空間がつくられた。

また、これらの敷地が含まれる街区における背割りのしかたを見てみると、街区の短辺約六〇メートルを、プリンセン運河側が約四二メートル、ケルク通り側が約一八メートルになるように、街区の背割りがなされている。つまり、運河と通りで挟まれた街区は、運河のほうに余裕を持たせるように敷地割りがなされ、背割り線が通り側にかたよる傾向がある。アムステルダムにとって、水辺に対する意識の

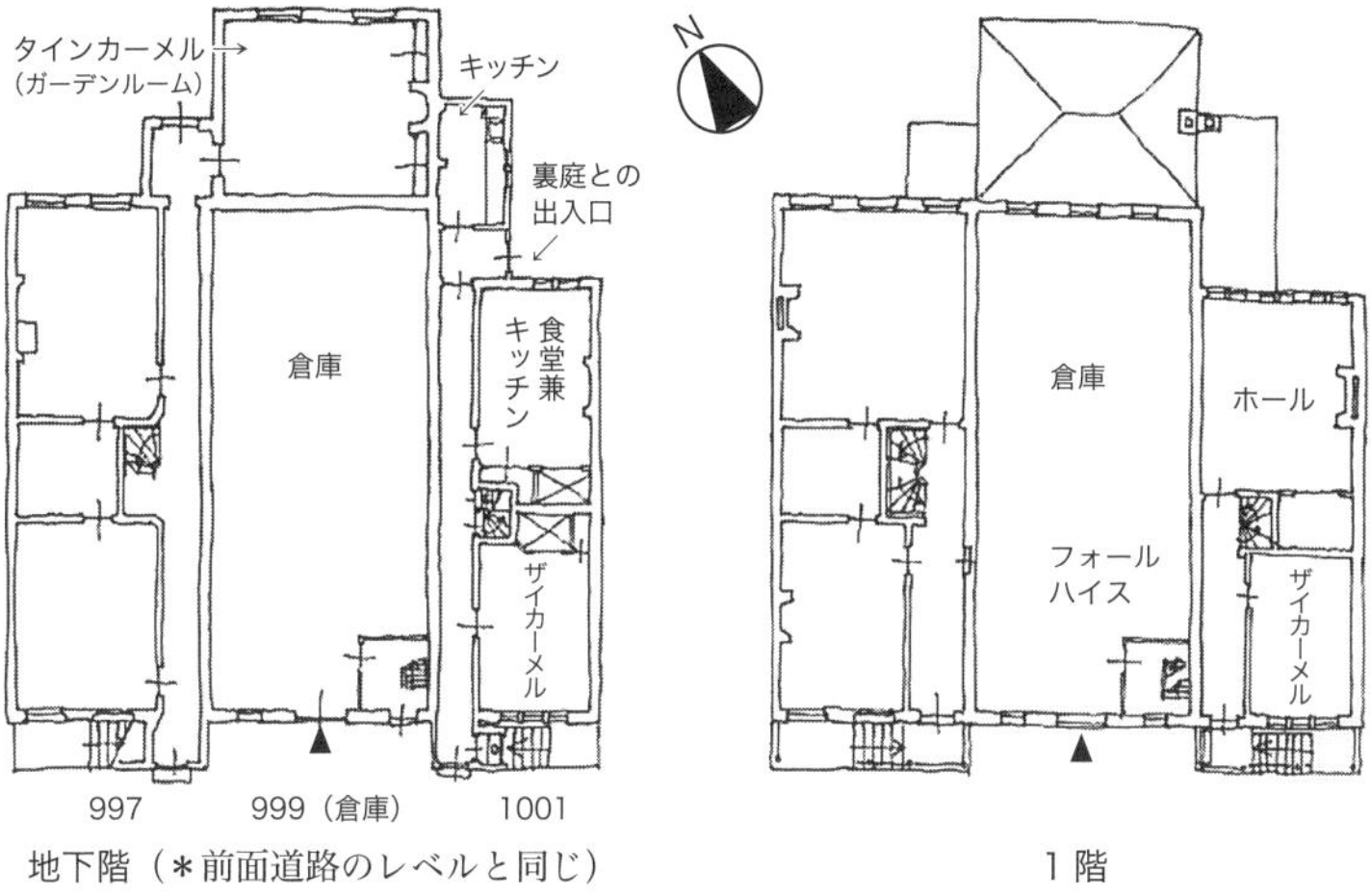

図3-86　倉庫を持つ家　平面図（物資は▲の部分から出し入れされる）

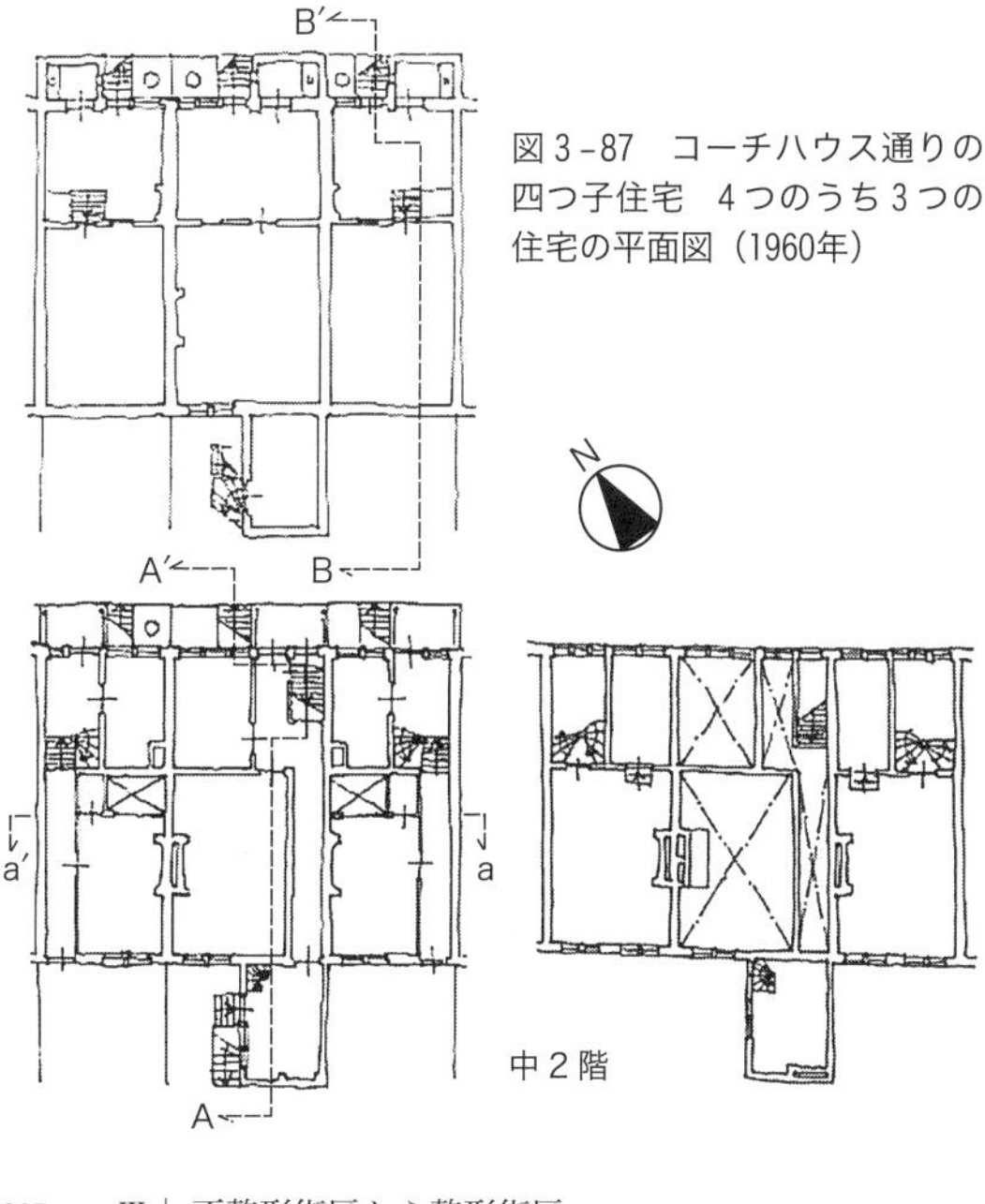

図3-87　コーチハウス通りの四つ子住宅　4つのうち3つの住宅の平面図（1960年）

高さがここでもうかがえる。

　このプリンセン運河側の三つの敷地と、ケルク通り側の四つの敷地を購入した最初の人物は、前述のヤン・ファン・ベアウモントで、彼は一六六七年当時に

右より
図 3－88　コーチハウス通りの四つ子住宅　4つのうち3つの住宅の立面図（1960年）
図 3－89　同　断面図（1960年）

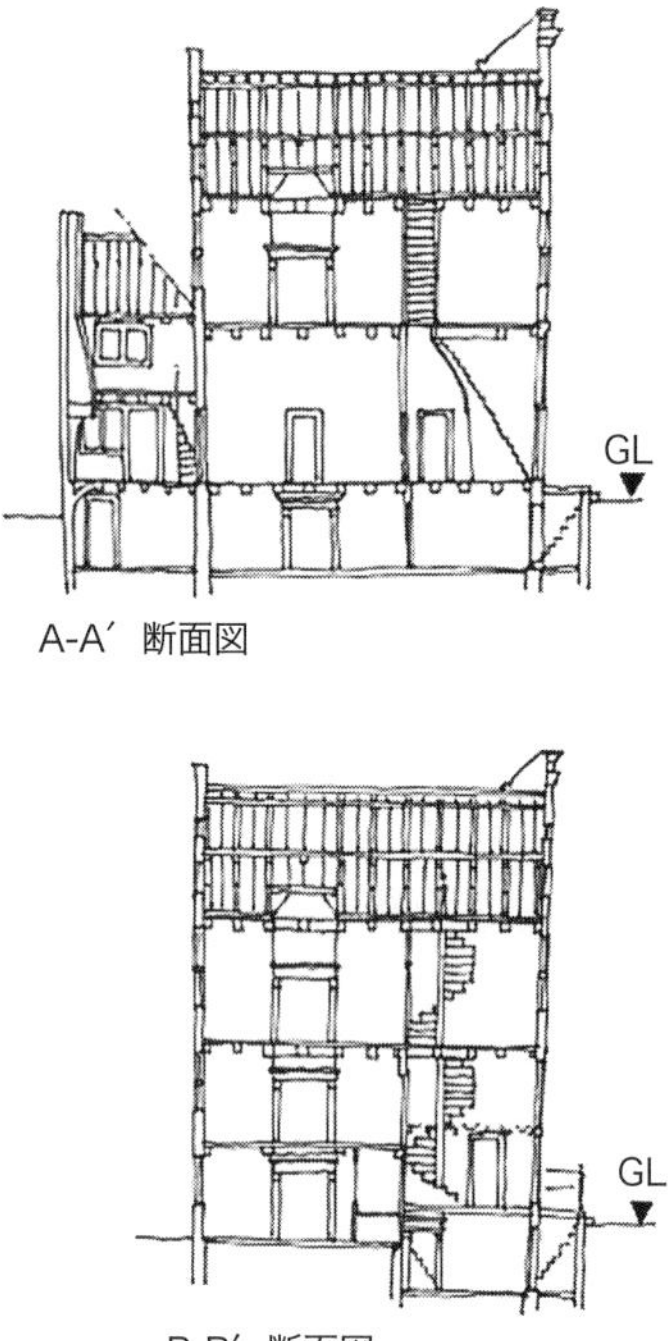

図 3－90　同　断面図（1960年）

おいて市内で腕の立つ重要な藍染め職人だった。ヤンは一六六九年にプリンセン運河側の敷地を購入し、一六七一年にそのうちの一つ分の敷地に染物工場を開設した。しかし、事業は思うようにいかず、その結果経営難に苦しみ、一六七八年に破産してしまった。一六八二年から九一年にかけて、彼の工場周辺には相次いで染物工場やラシャの工場がつくられた。

この建物の建つ周辺地区は一七世紀から織物産業地区として栄え、プリンセン運河の南側地区を中心にして生産活動が行われた。そのために地区内には職工たちが住む集合住宅が建ち並ぶ場所もつくられた。その地区は、第二期目につくられたいわば「ヨルダン地区」だった。

ヤンが購入した敷地は、その後、一七五四年ごろにヨハネス・ハンロという人物に売り渡され、ヤンが開設した工場を住宅へ改築した。その際、その隣に建つ倉庫の裏にタインカーメルがつけられ、ヨハネスの住宅の一部に含まれた。そこから裏庭を眺めることができた。裏庭は、三つ分の間口幅を持っているため、非常に広々としていた。タインカーメルがつくられた当初、飾り天井や大理石のマントルピースなど、非常に豪華なインテリアで飾られ、壁を境にして隣に倉庫があるとは想像できなかっただろう。

倉庫は一六八〇年に建てられ、正面中央部に大きな開口が各階ごとに配置され、その両側に小窓が設けられた。倉庫には光庭はつくられず、裏庭側の壁に小さな窓が各階に三つずつ設けられた。

倉庫の横の敷地には一六九四〜九七年のあいだに住宅が建てられた。

ホテル717（Hotel seven-one-seven）――プリンセン運河沿いの建物

かつて馬車道だったケルク通りが裏手に走るプリンセン運河沿いに、このホテル717は建っている。間口がおよそ一二メートル、奥行きはおよそ二二メートル。ホテルの裏庭の後ろにはケルク通りからアプローチする建物の敷地があり、二つ分のパルセルの上に建てられた間口の広い建物にも関わらず、ホテル内部の空間構成は少し窮屈な感じを受ける。

現在はホテルとして使用されており、マネージャーと女性の二人の共同経営によるものだという。ホテルになる前、一九〇五年当時は「ヴィルヘミナハイス」という名の私設の看護学校として使用されていたそうで、精神障害者の看護をする看護婦を育成するための教育が行われていた。

その後ホテルとして修復が行われたが、建物自体が文化財保護指定を受けていたために修復をする際

図 3-92　ホテル 717　室内のようす

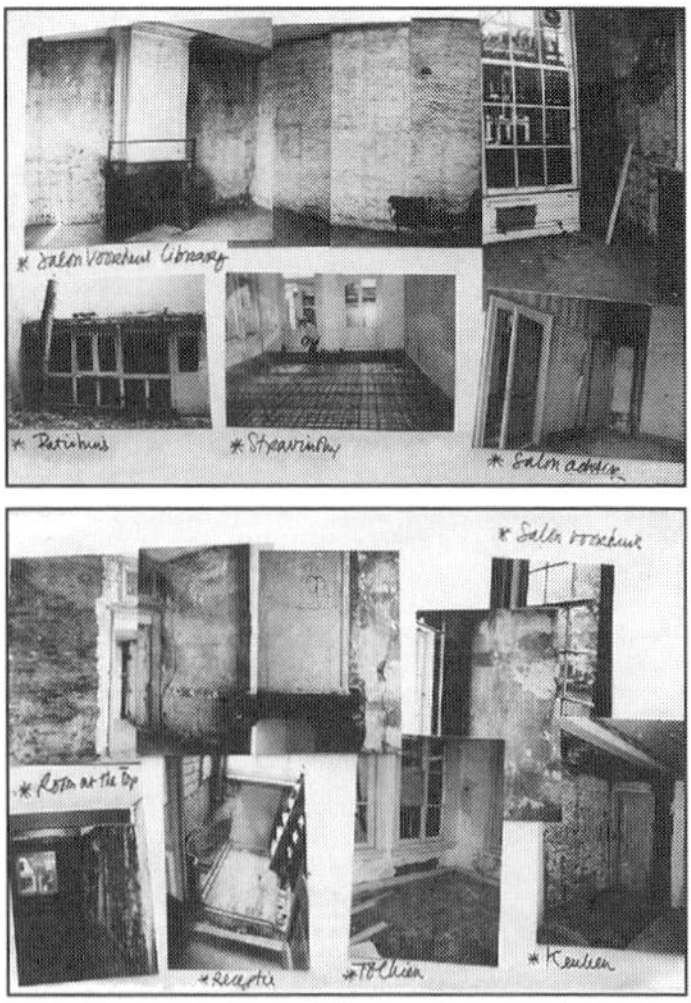

図 3-91　ホテル 717 へと改装する際に撮影された写真をオーナーから見せていただいた

に制限がかかり、エレベーターの設置はできなかった。しかし、床材を削りなおしたりするなど、オリジナルのものがうまく生かされている。各部屋には名前がつけられており、その名前のイメージを表すかのようなインテリアが施され、それぞれが豪華である。最上階の部屋を見せていただいたが、そこは「シューベルト」という名前がつけられた部屋で、落ち着いた雰囲気であった。半地下階の一部も部屋として活用されており、半地下階特有の天井高の低さがそのままに残されていた。居心地が良いのだろうか、長いこと滞在する人がほとんどであるために大きなクローゼットが用意されている。

　アムステルダム旧市街内の建物の多くがそうであるように、各部屋がまちまちなレベルに位置しているために空間を把握することが容易にできない。空間のレベルがまちまちなのは、運河沿いに建つ住宅の特徴の一つでもあると、経

図3－96　同　裏庭

図3－93　ホテル717　最上階のシューベルトの間

図3－94　同　裏庭に面するダイニングルーム

図3－95　同　建物内に設けられた小さな光窓

営者の一人である女性が教えてくれた。建物内にある階段の踊り場にも部屋へ入る扉があり、この複雑な空間を形づくる一因となっている。じつは、この建物の階段室の後部におよそ六メートル奥へ増築がなされ、増築部の各階のレベルが既存階のそれとは異なり、階段室の踊り場のレベルと同じになるような構成をしているために、建物内の空間は複雑なものになっているのだ。

増築部分がプリンセン運河に面した部分と階高を異にする直接の原因は、半地下階につくられたダイニングルームにある。一般的にいって半地下階の天井高は低いが、このダイニングルームの天井高は四メートルほどあり、半地下階という暗いイメージがそこには全く感じられない。一方のプリンセン運河に面した部分の半地下階の天井高は二メートル程度しかなく、頭が天井にかすってしまう位の高さであ

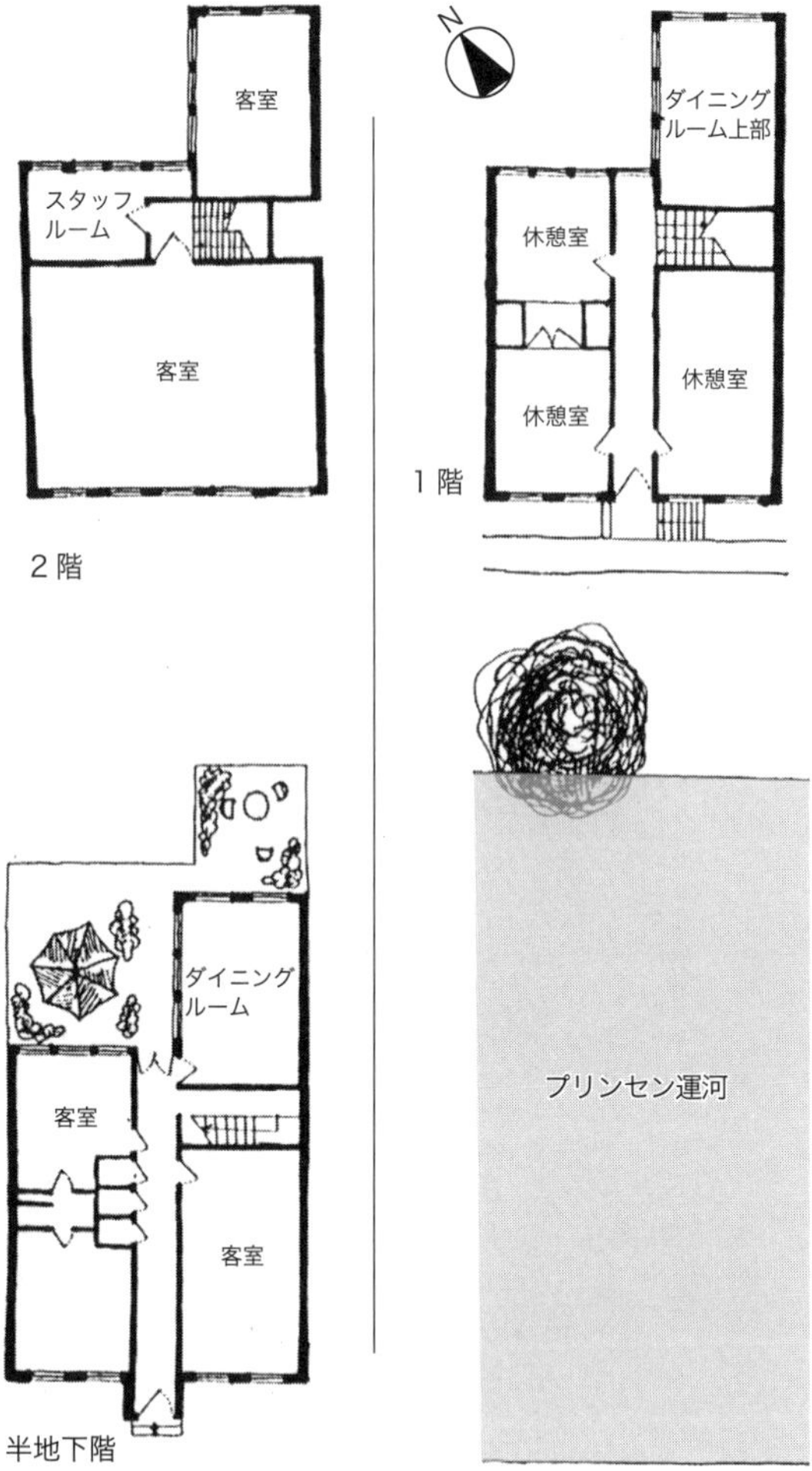

図3－97　ホテル717　平面図

り、この違いによって階高にズレが生じているのである。すぐにはつかみ難い空間構成が形づくられている。

裏庭へ目を向けてみよう。ダイニングルームからは観音開きのドアを抜けて直接裏庭へ行くことができるが、裏手にケルク通りがあるためにあまり広くはなく、二つの小さなテラス状の庭で構成されている。もともとは一つの裏庭空間として成立していたのであろうが、増築によって庭が二分されることとなった。庭の大きさは八×五メートル、四×四・五メートルである。大きいほうの奥には小さな東屋も

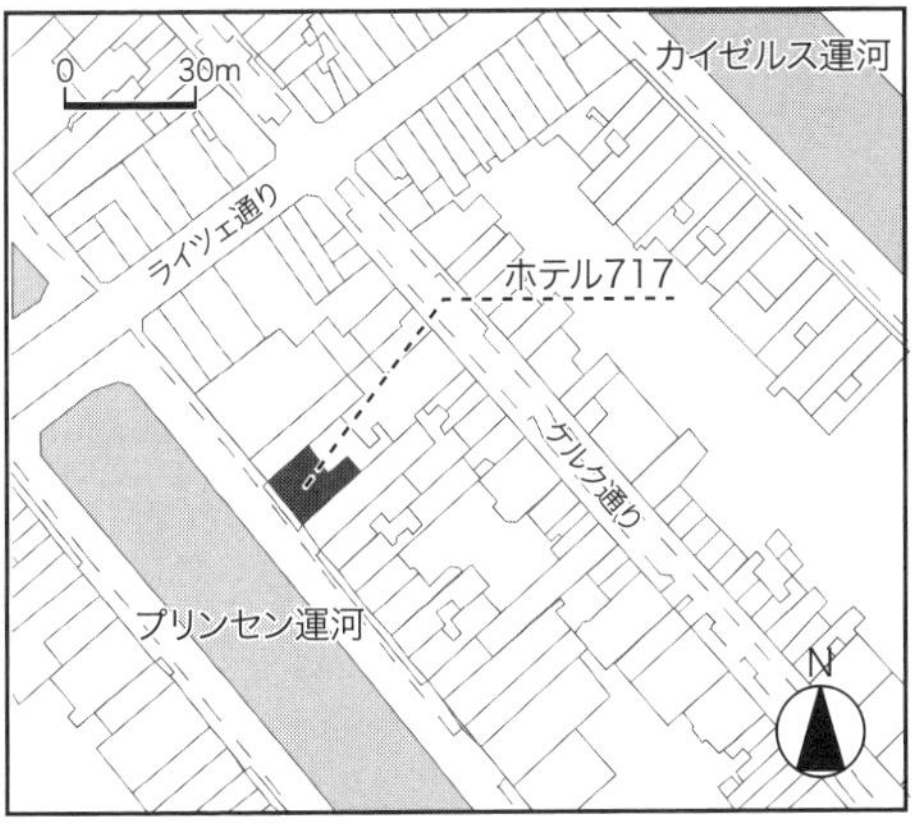

図3－98　ホテル717　周辺図

図3－99　同　立面図

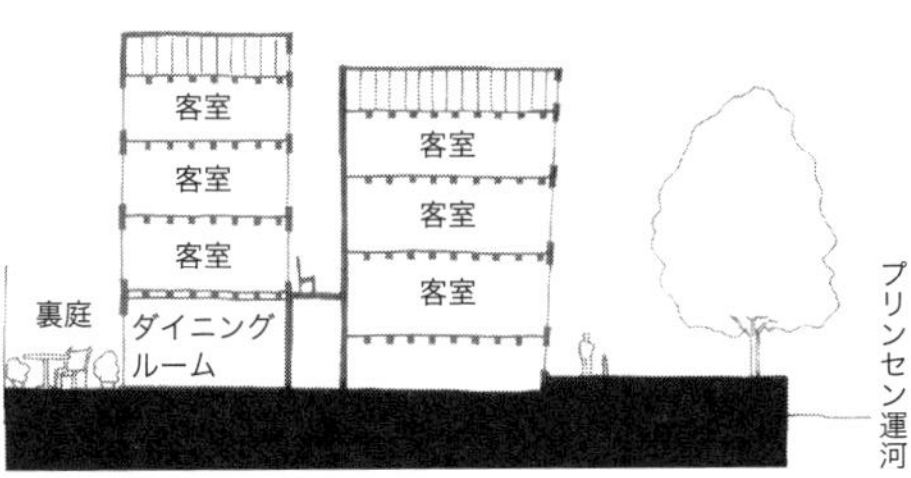

図3－100　同　断面図

配されている。庭の左側の壁はツタによって覆われ、その前には水槽が置かれていた。地面には玉石も敷かれ、パラソルがついたテーブルもあり、客人たちはそのもとでお茶や菓子とともに午後のひと時を過ごしているのだろう。ここに長く滞在してしまうという理由が何となく理解できるような気がした。

おわりに

私がオランダの都市を調べ始めてから、早くも一〇年以上が経つ。水都アムステルダムとの出会いは二〇〇〇年夏、オランダの水辺都市を現地調査するのがきっかけだった。アムステルダム市民の気さくな人柄や、古いものを大切に扱いながらも、新しいものを受け入れようとする彼らの柔軟性に触れ、私はオランダという国に興味を持った。その後オランダに留学する機会を得て、アムステルダムについて研究し、その成果を二〇〇四年春に提出した修士論文『アムステルダムの都市空間に関する研究』としてまとめた。大学院を修了してしばらくした後、二〇〇五年より法政大学大学院エコ地域デザイン研究所（以後、「研究所」とする）に在籍し、オランダの都市のフィールド調査、現地の専門家へのインタビュー、文献調査等を引き続き行い、その報告書として『水都アムステルダム――歴史的経験と未来へのチャレンジ』を、研究所から発行した。

本書で扱うアムステルダムの市域は主に、一三世紀後半から一七世紀にかけてつくられた扇状のエリアである。現在のアムステルダムは、一八世紀以降も拡張をつづけているが、水との関係性を探るにはより歴史のある市の中心部、とくに扇状のエリアがよいのではないかと考え、対象エリアとして選んだ。そして、アムステルダムの町が誕生した一三世紀から、黄金時代といわれる一七世紀を経て一八世紀までを中心に、アムステルダムの都市形成史や、アムステルダム中心市街に建てられた住宅について調べ、現地でのフィールド調査を行い、考察を重ねた。

研究所の報告書を発行後、研究所の所長でもあり大学時代の恩師でもある陣内秀信先生から本書発刊のお話をいただき、修士論文と報告書をベースに、加筆と修正を加えたものが本書である。また、本書の「はじめに」は、研究所の報告書を発行する前、二〇〇五年五月と二〇〇六年三月の二回、オランダへ行く機会を得ることができ、その際にアムステルダムでフィールド調査や専門家からのインタビューを行い、それらをまとめたものがベースになっている。

一三世紀後半から一七世紀にかけてつくられたアムステルダムの扇状の町並みは、その時代の干拓技術のレベルや社会状況などに影響を受けている。影響の要因は、そのほとんどが交易活動と深く関わっている。一六世紀後半から一七世紀前半にかけ、アムステルダムの周囲で社会の流れが劇的に変化し、町づくりにとっても大きな転機となった。主要な港町として発展したアムステルダムには当時の新しい技術、たとえば航海術、印刷術、風車の技術等が入り、それらを使うことにより、紙上の計画をほぼ正確に実施することができた。その当時の町並みは、現在でもよく残されており、そのほとんどが歴史的保存対象となっている。また、ユネスコの世界遺産に登録された地区もある。歴史的保存対象の建物の数は、一九九九年一月時点ではおよそ七〇〇〇戸に上り、改修が行われる際の判断基準は非常に厳しい。本書で紹介したホテル717においても、改修の際にエレベーターを設置しようとしたが、建物自体が歴史的に価値あるものであったため、認められなかった、というエピソードがある。

序章でも書いたとおり、オランダの町づくりは常に「水」抜きでは考えられない。第二次世界大戦後、「水」をあまり意識しない都市計画が考えられ、実行されたこともあった。しかし、彼らはすぐに、そうした計画がオランダ人にとっては合わないものだということに気づき、その後は水辺と近しい関係性が感じられる町づくりが主流となっている。歴史的に見ても「水」は富をもたらす「金」のような価値あるものといえよう。ブルーゴールドの精神が脈々と受け継がれているのである。

忙しい東京の生活から抜け出し、飛行機に乗ってオランダ・アムステルダムに降り立つといつでも、時間の流れが緩やかに感じられた。町並みの写真を撮影しているとオランダ人のおじさんが気さくに声をかけてくれることもあった。また、コーヒやビールを片手にカフェでおしゃべりに夢中になる人たちや、運河にたたずむアムステルダム市民を多く見かけた。そして、昔から貿易拠点として発展し、国際都市として成長してきたアムステルダムには、アラブ人、アジア人、ムスリム系の人たちなど、様々な人たちが行き交う。

本書を出版するにいたるまで、多くの方々にお世話になった。二〇〇〇年夏のオランダ調査時にコーディネートしてくださった後藤猛氏にまずはお礼申し上げる。オランダに長く滞在し、日本にオランダを紹介することに尽力され、オランダの建築物に関する知識も豊富な後藤氏のご助力があってこそ、初めてのオランダ調査が充実したものになった。オランダ滞在の機会を与えて下さったデルフト工科大学のアリー・フラーフラント先生や、オランダの水辺都市について研究するフランシェ・ホーイメイヤー氏にお礼を伝えたい。フランシェは私にとってオランダの優しいお姉さんであり、オランダの水辺都市について教えてくれる先生でもある。本書のなかで紹介した住宅に実測当時住まわれていた川西康之氏と栗田祥弘氏、二〇〇五年五月にアムステルダムを訪れた際にボートツアーや専門家へのインタビュー等をアレンジして下さったオランダ在住の建築家吉良森子《きらもりこ》氏にも感謝する。また、オランダの都市計画について研究されている笠 真希《りゅうまき》氏には、特に近代や現代のオランダの都市計画についてお話をうかがい、都市形成史を調べる際のよいヒントを与えていただいた。お礼を申し上げる。

また、これまでオランダを数回訪れたうちには、当時アムステルダム市都市計画局のケース・ファン・ラウフン氏がアムステルダム市内のご自宅の屋根裏部屋を貸して下さるという幸運もあった。ケースの奥さんであるアネミクは、アムステルダム・スキポール空港まで迎えに来て下さったり、ご飯をごちそうしてくださったりと、非常に気さくで親切な、「オランダの母」のような方だった。とてもチャーミングなお二人、ラウフンご夫妻には親愛と感謝の念を送りたい。法政大学大学院エコ地域デザイン研究所に在籍時、オランダの調査を行う機会を与えて下さった高橋賢一先生にも感謝申し上げる。

また、二〇〇〇年のオランダ調査時に指揮を取り、その後も的確なアドバイスを与えて下さった岡本哲志《さとし》氏、そして、一冊の本を出すというチャンスを与えてくださった恩師陣内秀信先生に御礼申し上げる。自分自身にとって初めての単著である本書は、仕事をしながらの編集作業となり、非常に多くの時間を要してしまった。それにもかかわらず、気長に編集作業を行ってくださった法政大学出版局の秋田公士氏に、心より御礼申し上げる。最後に、オランダへの留学に対する理解とサポート、そして本書を入稿するまでのバックアップをしてくれた家族にも感謝したい。

二〇一三年三月二五日

岩井　桃子

参考文献

日本語文献

『AMSTERDAM』旅する21世紀ガイドブック、同朋舎出版、一九九四年。

石田壽一『低地オランダ――帯状発展する建築・都市・ランドスケープ』丸善、一九九八年。

今井登志喜『都市の発達史――近世における繁栄中心の移動』誠文堂新光社、一九八〇年。

太田邦夫（写真・文）『ヨーロッパの木造住宅』駸々堂出版、一九九二年。

『オランダ――栄光の〝17世紀〟を行く』旅名人ブックス、日経BP社、二〇〇〇年。

「オランダの集合住宅」『Process: Architecture』一一二、株式会社プロセスアーキテクチュア、一九九三年。

角橋徹也・塩崎賢明「オランダの西部都市圏ラントスタットの成長管理に関する研究――多核分散型環状ネットワーク都市創生の基礎」『日本建築学会計画系論文集』五六六、二〇〇三年四月。

角橋徹也『オランダの持続可能な国土・都市づくり』学芸出版社、二〇〇九年。

コウニング、ハンス／ウォード、パトリック撮影『ライフ世界の大都市　アムステルダム』タイムライフブックス、一九七八年。

鯖田豊之『ラインの文化史――水とヨーロッパ社会』刀水書房、一九九五年。

科野孝蔵『オランダ東インド会社の歴史』同文館出版、一九八八年。

陣内秀信／岡本哲志編著『水辺から都市を読む』法政大学出版局、二〇〇二年。

『旅』二〇〇六年七月号、新潮社。

永積昭『オランダ東インド会社』講談社学術文庫、二〇〇〇年。

村川堅太郎他『詳説　世界史』山川出版社、一九八九年。

山口廣「アムステルダム建築史」『SD』八〇〇二、鹿島出版会、一九八〇年。

山口 廣「アムステルダム：橋と運河の街」『Process: Architecture』二四、株式会社プロセスアーキテクチュア、一九八一年。

ヤンセ、ヘルマン著／堀川幹夫訳『アムステルダム物語――杭の上の街』（蘭題 *Amsterdam gebouwd op palen,* 2000）鹿島出版会、二〇〇二年。

リンバーグ、ドナルド・I／八代真己訳『オランダの都市と集住――多様性の中の統一 1900-40』住まいの図書館出版局、一九九〇年。

ロバーツ、J・M『世界の歴史5――東ヨーロッパと中世ヨーロッパ』創元社、二〇〇三年。

外国語文献

Bakker, Boudewijn, Città d'Europe Iconografia e vedutismo dal XV al XVIII secolo, a cura di Cesare de Seta, *Amsterdam nell'immagine degli artisti e dei cartografi 1550-1700,* Electa Napoli, Napoli 1996.
Burke, Gerald L., *The Making of Dutch Towns,* Cleaver-Hume Press Ltd. 1956.
Calabi, Donatella, Venezia 2001, *Storia della città L'età moderna,* biblioteca Marsilo 2001.
D'Arts / Paul Spies (eds.), *Canal walks of Amsterdam,* Island Publishers / D'arts Amsterdam 1999.
de Heer, Jan , *Het architectuurloze tijdperk De Torens van Hendrick de Keyser En De Horizon van Amsterdam,* Uitgeverij Duizend & Een 2000.
Dijkshoorn, Willemien / de Jong, Erik / Ode, Lodewijk, *Amsterdamse Grachtentuinen — Singel: Amsterdamse Grachtentuinen — Prinsengracht: Amsterdamse Grachtentuinen — Keizersgracht: Amsterdamse Grachtentuinen — Herengracht,* Uitgeverij Waanders 2003.
Het Genootschap Amstelodanum, Stadsdrukkerij Amsterdam (eds.), *Vier eeuwen Herengracht,* Stadsdrukkerij van Amsterdam 1976.
Kannegieter, J. Z., *De Amsterdamse Jordaan,* Gemeentelijke Commisie Heemkennis Amsterdam 1959.
Kemme, Guus, *Amsterdam Architecture: A Guide,* Thoth Uitgeverij 1996.

Killiam, Tim / Tulleners, Hans, *Amstredamse Grachtengids,* Cityboek Productions 1978, 1997.
L & P Communications / Hotel Pulitzer (eds.), *The History of Hotel Pulitzer*
Leeflang, Huigen, Città d'Europe Iconografia e vedutismo dalXV al XVIII secolo, a cura di Cesare de Seta, *L'immagine di Haarlem dal Cinquecento al Settecento e la predominanza del paesaggio naturale sul paesaggio urbano,* Electa Napoli, Napoli 1996.
Levie, Tirtsah / Zantkuyl, Henk, *Wonen in Amsterdam — in de 17de en 18de eeuw,* Amsterdam Historisch Museum Muusses, Purmerend 1980.
Révész-Alexander, Magda, *Die alten Lagerhäuser Amsterdams. Eine kunstgeschichtliche Studie,* Martinus Nijhoff 1928.
Roegholt, Richter, *A Short History of Amsterdam,* Bekking & Blitz Uitgevers b. v. Amersfoort 2004.
Snapping-turtle guide, *Rembrandt — Life of a portrait painter,* Ticktock Publishing Ltd. 1997.
Spies, Paul / D'Arts (ed.), *Walks through the Jordaan past and present,* Island Publishers / D'Arts Amsterdam 1997.
van De Ven, G. P. (eds.), *Man-Made Lowlands — History of Water Management and Land Reclamation in the Netherlands, Stiching Matrijs 1993.*
van Gelder, Roelof / Wagenaan, Lodewijk, *Sporen van de Compagnie — De VOC in Nederland,* De Bataafsche Leeuw 1988.
van Zoest, Rob / D'Arts (eds.), *The Amsterdam Harbour 1275-2005,* Kunsthistorisch bureau D'Arts Amsterdam 2005.
Vereniging Hendrick de Keyser (Amsterdam) (ed.), *Huizen in Nederland — Amsterdam,* Waanders Uitgevers 1995.
Zantkuijl, H. J., *Bouwen in Amsterdam — Het Woonhuis in De stad,* Vereniging Vrienden van de Amsterdamse Binnenstad 1993.

ウェブサイト

「Dutch Water City オランダ水辺都市の歴史と再生」
http://eco-history.ws.hosei.ac.jp/05sym/meeting/060905/05meet_060905.html（法政大学エコ地域デザイン研究所主催による、フランシェ・ホーイメイヤー（Fransje Hooimeijer）氏による講演の記録）

図版出典

（出典の記載のない写真・図版は著者自身が撮影あるいは作成した）

はじめに

図0–13　市が発行する水に関する計画書に掲載されている水マップ
市が発行するパンフレットより。
図0–16　アイブルグ地区周辺図
市が発行するパンフレットより。
図0–19　積み上げられたジオテキスタイル
市が発行するパンフレットより。
図0–22　建設途中の堤防
市が発行するパンフレットより。
図0–23　ハルデ・ウーファーとザハテ・ウーファーの分布図
市が発行するパンフレットより。
図0–24　ザハテ・ウーファー側につくられた石積みの堤防
市が発行するパンフレットより。
図0–25　レンガ造の堤防
市が発行するパンフレットより。
図0–26　堤防に沿って遊歩道がつくられている
市が発行するパンフレットより。

I　アムステルダムの誕生と変遷

図1－2　アムステルダム市周辺の初期の干拓地（ポルダー）
Willemien Dijkshoorn / Erik de Jong / Lodewijk Ode, *Amsterdamse Grachtentuinen — Singel,* Uitgeverij Waanders 2003.

図1－4　初期の住宅
アムステルダム市立歴史博物館の展示を著者が複写。

図1－5　ダム周辺の様子
アムステルダム市立歴史博物館の展示を著者が複写。

図1－7　一四世紀のアムステルダム
Willemien Dijkshoorn / Erik de Jong / Lodewijk Ode, *Amsterdamse Grachtentuinen — Singel,* Uitgeverij Waanders 2003.

図1－14　プラーツに立つ市庁舎
Het Paleis in de schilderkunst van de Gouden Eeuw, Uitgeverij Waanders 1997.

図1－15　涙の塔（外観）
岡本哲志氏撮影。

図1－16　涙の塔（一五四四年ごろ）
Rob van Zoest / D'Arts (eds.), *The Amsterdam Harbour 1275-2005,* Kunsthistorisch bureau D'Arts Amsterdam 2005.

図1－17　涙の塔（一八七〇年ごろ）
Rob van Zoest / D'Arts (eds.), *The Amsterdam Harbour 1275-2005,* Kunsthistorisch bureau D'Arts Amsterdam 2005.

図1－18　左側に見えるのがヤン・ローデン門塔
D'Arts / Paul Spies (eds.), *Canal walks of Amsterdam,* Island Publishers / D'Arts Amsterdam 1999.

図1－22　カトリックの白に対して新教徒は黒の服を着るのが一般的だった
Roelof van Gelder / Renée Kistemaker, *Amstredam: The Golden Age 1275-1795,* Abbeville Press 1983.

図1－23　一五世紀当時のアムステルダムの様子を描いた古地図
Willemien Dijkshoorn / Erik de Jong / Lodewijk Ode, *Amsterdamse Grachtentuinen — Singel*, Uitgeverij Waanders 2003.
図1－24　海上のオランダ船
Wikimedia Commons より。
図1－25　理想都市のモデル図
R. Blijstra, *Haarlem: heel oud, heel nieuw*, Haarlems Dagblad, 1971.
図1－26　アムステルダムのオランダ東インド会社の倉庫と作業風景
Rob van Zoest / D'Arts (eds.), *The Amsterdam Harbour 1275-2005*, Kunsthistorisch bureau D'Arts Amsterdam 2005.
図1－27　広場に面して立つ二つのシナゴーグ（両脇）
ポストカード。
図1－30　一六〇一～一七〇〇年および一七〇一～一八〇〇年における、ヨーロッパ諸国とオランダ国内からのアムステルダムへの移民数
H. J. Zantkuijl, *Bouwen in Amsterdam: Het Woonhuis in De stad*, Vereniging Vrienden van de Amsterdamse Binnenstad 1993.
図1－32　一七人重役会の様子
科野孝蔵『オランダ東インド会社の歴史』同文館出版、一九八八。
図1－33　計量所へと転用されたセント・アントニース門
Roelof van Gelder / Renée Kistemaker, *Amstredam: The Golden Age 1275-1795*, Abbeville Press 1983.
図1－34　古地図に見るセント・アントニース門（中央）
Rob van Zoest / D'Arts (eds.), *The Amsterdam Harbour 1275-2005*, Kunsthistorisch bureau D'Arts Amsterdam 2005.
図1－36　セント・アントニース門（内部）
井出敦子氏撮影。
図1－37　ヘリット・ベルクヘイデの描いたアムステルダム新市庁舎と、その手前にある計量所
Wikimedia Commons より。

図1−39　海から見た一六一八年当時のアムステルダム
Jan de Heer, *Het architectuurloze tijdperk De Torens van Hendrick de Keyser En De Horizon van Amsterdam*, Uitgeverij Duizend & Een 2000.

図1−40　ナールデン
ナールデン市役所に掲示されていた航空写真を著者が複写。

図1−45　ヴィレムスタット
Gerald L. Burke, *The Making of Dutch Towns*, Cleaver-Hume Press Ltd. 1956.

図1−47　ウトレヒツェ通りとライツェ通り沿いの土地の競売の様子
Het Genootschap Amstelodanum, Stadsdrukkerij Amsterdam (eds.), *Vier eeuwen Herengracht*, Stadsdrukkerij van Amsterdam 1976.

図1−52　古地図で見るハイデン・レアレル地区
Magda Révész-Alexander, *Die alten Lagerhäuser Amsterdams. Eine kunstgeschichtliche Studie*, Martinus Nijhoff 1928 所載の古地図の一部を使い、著者作成。

図1−54　一七世紀のハールレムメル門
Roelof van Gelder / Renée Kistemaker, *Amsterdam: The Golden Age 1275-1795*, Abbeville Press 1983.

図1−55　ハールレムメル水路の引船
J. Z. Kannegieter, *De Amsterdamse Jordaan*, Gemeentelijke Commisie Heemkennis Amsterdam 1959.

図1−56　プリンセン島の倉庫
岡本哲志氏撮影。

図1−58　荷物を引き揚げる様子
Magda Révész-Alexander, *Die alten Lagerhäuser Amsterdams. Eine kunstgeschichtliche studie*, Martinus Nijhoff 1928.

図1−61　一般的な倉庫の平面と断面
Magda Révész-Alexander, *Die alten Lagerhäuser Amsterdam. Eine kunstgeschichtliche studie*, Martinus Nijhoff 1928.

図1−63　エントレポットドックに建てられた倉庫

図1−64　エントレポットドックの倉庫
Magda Révész-Alexander, *Die alten Lagerhäuser Amsterdam. Ene kunstgeschichtliche studie*, Martinus Nijhoff 1928.

図1−65　倉庫内の様子（一九一〇年）
Rob van Zoest / D'Arts (eds.), *The Amsterdam Harbour 1275-2005*, Kunsthistorisch bureau D'Arts Amsterdam 2005.

図1−69　北海運河（アムステルダムから北海へ）
Frans de Rooy, *Van Zuiderzee tot IJmeer, Plan Amsterdam 1*, Dienst Ruimtelijke Ordening 1996.

図1−73　ハウズブルーム運河（一九世紀半ば）
J. Z. Kannegieter, *De Amsterdamse Jordaan*, Gemeentelijke Commisie Heemkennis Amsterdam 1959.

図1−74　ローゼン運河（一八九〇年）
J. Z. Kannegieter, *De Amsterdamse Jordaan*, Gemeentelijke Commisie Heemkennis Amsterdam 1959.

図1−77　アムステルダム中央駅の設計図
Rob van Zoest / D'Arts (eds.), *The Amsterdam Harbour 1275-2005*, Kunsthistorisch bureau D'Arts Amsterdam 2005.

図1−78　アムステルダム中央駅の建つ土地の埋立計画書
Rob van Zoest / D'Arts (eds.), *The Amsterdam Harbour 1275-2005*, Kunsthistorisch bureau D'Arts Amsterdam 2005.

図1−79　アムステルダム中央駅が完成したときの様子
Rob van Zoest / D'Arts (eds.), *The Amsterdam Harbour 1275-2005*, Kunsthistorisch bureau D'Arts Amsterdam 2005.

II　アムステルダムの都市住宅

図2−2　基礎の変遷
Tirtsah Levie, Henk Zantkuyl, *Wonen in Amsterdam — in de 17de en 18de eeuw*, Amsterdam Historisch Museum Muusses, Purmerend, 1980.

図2－4　杭を打つ様子
Tirtsah Levie, Henk Zantkuyl, *Wonen in Amsterdam — in de 17de en 18de eeuw*, Amsterdam Historisch Museum Muusses, Purmerend, 1980.

図2－5　ベヘインホフ
ポストカード。

図2－6　ベヘインホフ三四番地
Tirtsah Levie, Henk Zantkuyl, *Wonen in Amsterdam — in de 17de en 18de eeuw*, Amsterdam Historisch Museum Muusses, Purmerend, 1980.

図2－7　同
Tirtsah Levie, Henk Zantkuyl, *Wonen in Amsterdam — in de 17de en 18de eeuw*, Amsterdam Historisch Museum Muusses, Purmerend, 1980.

図2－8　木構造のしくみ
Tirtsah Levie, Henk Zantkuyl, *Wonen in Amsterdam — in de 17de en 18de eeuw*, Amsterdam Historisch Museum Muusses, Purmerend, 1980.

図2－13　ピーテル・デ・ホーホにより描かれた室内空間（一七世紀）
ポストカード。

図2－20　レンブラントが住んだ時の室内の様子（エントランスホール）
レンブラントハウスミュージアム発行のポストカード。

図2－21　同　エントランスホール横の部屋
レンブラントハウスミュージアム発行のポストカード。

図2－22　同　アトリエ
レンブラントハウスミュージアム発行のポストカード。

図2－23　同　キッチン

レンブラントハウスミュージアム発行のポストカード。

図2–52　一九世紀の中庭での様子を描いた絵
ファン・ローン・ミュージアム発行のブックレットより。

図2–53　押入型ベッド
レンブラントハウスミュージアム発行のポストカード。

図2–54　一八世紀のハウトマン通り周辺
Gerrit de Broen によって描かれた地図（一七二四年）の一部。

III　不整形街区から整形街区へ

図3–1　アムステルダム市周辺の初期の干拓地（ポルダー）
Willemien Dijkshoorn / Erik de Jong / Lodewijk Ode, *Amsterdamse Grachtentuinen — Singel*, Uitgeverij Waanders 2003.

図3–4　一六世紀のヴァルムス通り周辺
Rob Van Zoest / D'Arts (eds.), *The Amsterdam Harbour 1275-2005*, Kunsthistorisch bureau D'Arts Amsterdam 2005. 所載の古地図に著者が文字入れ。

図3–6　ウトレヒトで見られる運河沿いの建物
Carl Denig, *De Bewoners Van de Utrechtse Oudegracht en Nieuwegracht: Neringdoenden en Voorname lieden*, Matrijs 1997.

図3–10　赤いランプが特徴的な飾り窓地区
藤村龍至氏撮影。

図3–11　一四世紀の旧教会周辺
Willemien Dijkshoorn / Erik de Jong / Lodewijk Ode, *Amsterdamse Grachtentuinen — Singel*, Uitgeverij Waanders 2003. 所載の古地図。

図3–19　シンゲルとコーニングス運河の間の敷地割を描いた計画図
Het Genootschap Amstelodanum, Stadsdrukkerij Amsterdam (eds.), *Vier eeuwen Herengracht*, Stadsdrukkerij van Amsterdam 1976.

図3–27　ヘーレン運河沿いの敷地割を表した図

Het Genootschap Amstelodanum, Stadsdrukkerij Amsterdam (eds.), *Vier eeuwen Herengracht,* Stadsdrukkerij van Amsterdam 1976.

図3–29　一八世紀のホテル・ピューリッツァー周辺とプリンセン運河の様子

D'Arts / Paul Spies (eds.), *Canal walks of Amsterdam,* Island Publishers / D'Arts Amsterdam 1999.

図3–55　一六六三年当時の敷地割り

Vereniging Hendrick de Keyser (Amsterdam) ed., *Huizen in Nederland — Amsterdam,* Waanders Uitgevers 1995.

図3–60　ヨルダン地区を見下ろす（一九四六年）

Z. Kannegieter, *De Amsterdamse Jordaan,* Gemeentelijke Commisie Heemkennis Amsterdam 1959.

図3–61　当時の地区分けの様子

H. J. Zantkuijl, *Bouwen in Amsterdam — Het Woonhuis in De stad,* Vereniging Vrienden van de Amsterdamse Binnenstad 1993.

図3–77　かつてのリンデン運河

J. Z. Kannegieter, *De Amsterdamse Jordaan,* Gemeentelijke Commisie Heemkennis Amsterdam 1959. 所載の古地図。

著　者

岩井桃子（いわい ももこ）
1977年東京都に生まれる．2004年，法政大学大学院工学研究科建築学専攻修士課程修了．
大学院修了後に在籍した法政大学大学院エコ地域デザイン研究所で，東京の都市に関する展覧会に携わったことがきっかけとなり，以後，パブリックアートの企画・プロデュース会社勤務を経て，現在は展覧会やイベントの運営，キュレーション等の活動を行っている．

水都アムステルダム――受け継がれるブルーゴールドの精神

2013年7月1日　　初版第1刷発行

著　者　岩井桃子 © Momoko IWAI

発行所　財団法人 法政大学出版局
〒102-0071 東京都千代田区富士見 2-17-1
電話 03（5214）5540／振替 00160-6-95814

組版：秋田印刷工房，印刷：平文社，製本：誠製本

ISBN 978-4-588-78005-9
Printed in Japan

港町のかたち　その形成と変容
岡本哲志 著 ……水と〈まち〉の物語／2900円

江戸東京を支えた舟運の路　内川廻しの記憶を探る
難波匡甫 著 ……水と〈まち〉の物語／3200円

用水のあるまち　東京都日野市・水の郷づくりのゆくえ
西城戸誠・黒田暁 編著 ……水と〈まち〉の物語／3200円

タイの水辺都市　天使の都を中心に
高村雅彦 編著 ……水と〈まち〉の物語／2800円

水辺から都市を読む　舟運で栄えた港町
陣内秀信・岡本哲志 編著 ……4900円

水都学 I　特集「水都ヴェネツィアの再考察」
陣内秀信・高村雅彦 編 ……3000円

都市を読む＊イタリア
陣内秀信 著（執筆協力＊大坂彰）……6300円

イスラーム世界の都市空間
陣内秀信・新井勇治 編 ……7600円

銀座　土地と建物が語る街の歴史
岡本哲志 著 ……6300円

船　ものと人間の文化史 1
須藤利一 編 ……3200円

和船 I　ものと人間の文化史 76–I
石井謙治 著 ……3500円

和船 II　ものと人間の文化史 76–II
石井謙治 著 ……3000円

表示価格は税別です